"十二五"普通高等教

全国高等

U0680506

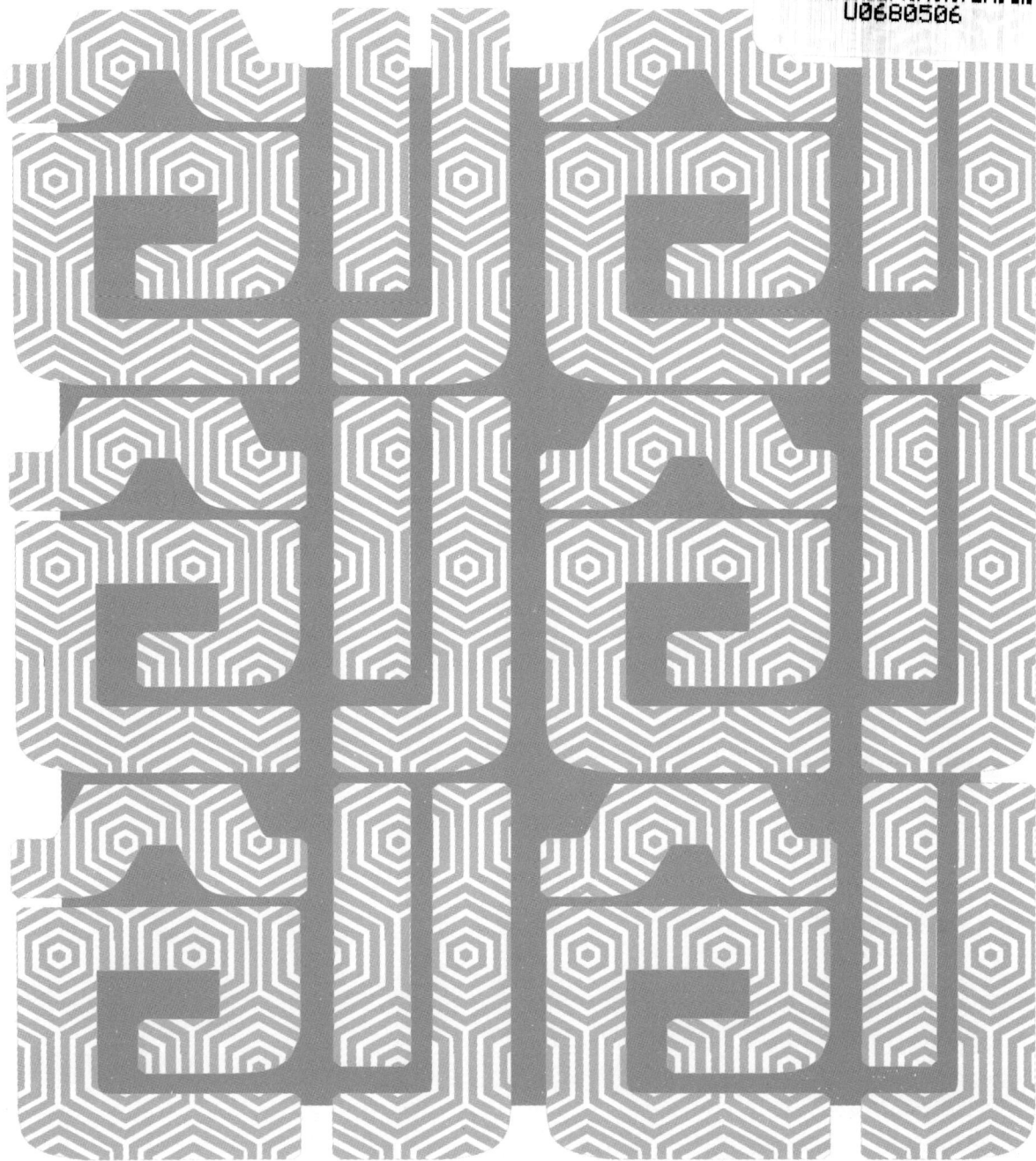

创意思维训练

（第二版）

李中扬　主编　王　欣　副主编

中国建筑工业出版社

图书在版编目（CIP）数据

创意思维训练 / 李中扬主编. —2版. —北京：中国建筑
工业出版社，2016.6（2024.1重印）
（"十二五"普通高等教育本科国家级规划教材. 全国高
等院校设计专业精品教材）
ISBN 978-7-112-19346-2

Ⅰ.①创… Ⅱ.①李… Ⅲ.①创意性思维 – 高等学校 – 教材
Ⅳ.①B804.4

中国版本图书馆CIP数据核字（2016）第075643号

本书2014年被评选为"十二五"普通高等教育本科国家级规划教材，在第一版的基础上进行了修订。

本书是一本以开发学生的创新潜能，培养学生的创新思维能力为核心，以培养社会需要的创新型设计师为目标、经过多年深入研究结合我国设计教育现状，强调设计专业的基础课程应突破旧的教学模式并以创意思维训练为特色，以维度递增的方式，从"创新思维"、"创意训练"和"创造能力"的角度，历经教学一线实践总结而编写的创意思维训练教材。

本书全面、系统地吸收了国内外新的研究成果并融入教学实践，通过开展创意思维训练，将积累的教学改革经验和取得的教学研究成果进行总结归纳，通过教材中全新的课题设置、优秀的训练实例，增强教材的创新性，为培养学生具有创造性的观念，提供可借鉴的方法与思路。该教材打破专业界线，力求从创意思维的角度训练学生，让他们有效地将创意见解运用到专业设计课程中去，对教学改革、课程建设起到了推动作用。

建议：大纲学时数：60-100，学分：4-6，可从第三学期开设，作为必修课或限选课。

训练包括：课堂训练、课外训练、项目训练等。

责任编辑：吴　绫
助理编辑：吴人杰
责任校对：李欣慰　张　颖

"十二五"普通高等教育本科国家级规划教材
全国高等院校设计专业精品教材
创意思维训练（第二版）
李中扬　主　编
王　欣　副主编
*
中国建筑工业出版社出版、发行（北京海淀三里河路9号）
各地新华书店、建筑书店经销
北京锋尚制版有限公司制版
北京富诚彩色印刷有限公司印刷
*
开本：787毫米×1092毫米　1/16　印张：8¾　字数：212千字
2016年6月第二版　2024年1月第八次印刷
定价：**49.00元**
ISBN 978-7-112-19346-2
　　（28522）

主　　编　李中扬

副 主 编　王　欣

参编人员　陈守明　刘桦政　喻文华　行佳丽　赵　茜　段岩涛

　　　　　　赵均学　薛　欢　杜卫民　戴　茈　朱岩岳　郝丽珍

　　　　　　黄　梅　李子兆　高　倩　苗红玉　黄　嫣

目　录

第 1 章 创意、思维和设计

当创意作为高频词汇闪现在各个领域的时候，创意作为人类利益的最大创造者从幕后走到了台前，创意为先的设计理念在业界逐渐明朗。创新意识、创造力一直都是推动人类文明进程的原动力，而思维是创意活动中的主导力量。创意是睿智的大脑与严谨的工作精神相结合的产物，人类思维采取有针对性的重新定义、重新感悟、重新演绎、颠覆固有等多种方式让创意浮出水面。学科的特殊性注定我们是创意发烧友，注定我们理应成为创意王国中的强者。

对于设计专业的学生来讲，创造力是学习阶段以及日后的职业生涯中的核心力量。轻松、愉快、积极是本门课程学习的首要状态，大脑的过度紧张和被动都会让我们的思维处于闭锁的状态。我诚恳地期待们能抛开一切束缚、一切心结、一切惯有的思维模式开始崭新的创意之旅，让创意成为一种习惯，让创意点亮生活。

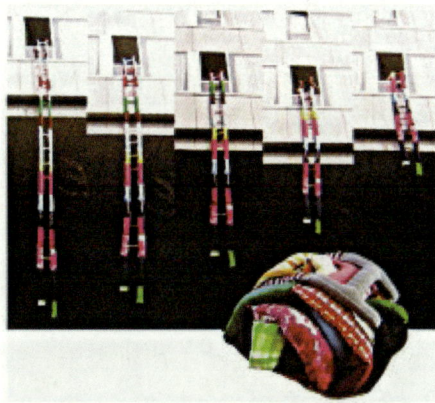

拼布逃生梯/设计有形有色，闲时抱枕，逃时救生

思想者/Mark Ho /终极人偶

1.1　关于思维

1.1.1　思维的定义

思维是一个相对持续性的脑部运动过程，在创意设计的过程中思维

的发生因素是多元的、有根有据的或无厘头的从甲到乙的突变，以及偶然间的灵感喷发等，任何一个好的创意都离不开思维的良性运作。

1.1.2 思维的过程

创意是智慧的结晶，是思维良性运作的结果。创意的生成过程可能是瞬间的灵感闪现，也可能是耗时数年的繁冗工程，但无论是瞬时的还是漫长的都会历经创意的激发至创意的实现等一系列的阶段。创意的产生会有前提，它们之间也是循序渐进的关系，可以将其总结为以下几点：

1. 思维介入期

设计师作为设计活动的主体，一件震撼客户与受众的设计创意的诞生并非空穴来风，而是创作动机、创作欲望、相关知识的链接，以及个人素养的强强联合。当我们面临一项设计课题的时候，需要将其以最快的速度在大脑中储存起来形成创作动机，这一过程我们称之为思维介入期。当我们拥有具体的创作动机而使该问题的解决变得清晰和迫切时，即便在眼前没有合适的方案，人的思维活动也已经习惯性地先行运作了。

2. 信息搜索期

信息搜索期是指思维形成之初，对主题相关知识的理解与累积。如果说介入期的思维是被动的，那么搜索期的思维则变为主动。在这一阶段，最重要的是为主题而动，广泛搜集与之相关联的各种信息，进而解决主题能见度的问题，能见度越高，思维就会越宽泛，创作的路径会更加多元，创作过程也会越自由。带着采集到的信息去思考，这一阶段在思维的整个过程中非常关键，往往会花费较长的时间。

3. 主题酝酿期

主题酝酿期是指将搜索到的信息进行筛选、整理，从中进行延展、组合、关联、裂变等思维活动，在未得到清晰、确定的方案阶段而暂时将问题搁置，转而从事其他看似无关的活动（如听音乐、散步、翻阅杂志等），等待有价值的想法自然酝酿成熟而产生出来，也就是将问题引起的心理困惑暂时排除在意识之外。在整个思维的过程中应积极调动大脑中的激情因子不断地与之碰撞，碰撞的时间、空间没有限定，可以是吃饭、睡觉、行走、看书、在教室、在寝室、在餐厅、在路上等任何的时间。在这种情形下，主题引发的创造性思维从表面看似乎停止了，但事实上它仍在潜意识中酝酿进行。

Phillip Grass风趣伴侣家居设计

4．信息、灵感整合期

信息、灵感整合期是指经过思维介入、信息搜索、主题酝酿三个阶段之后，具有创造性的新观念、新思维可能会随时出现，也就是常说的灵感迸发；信息的整合是在既有的条件下（搜集的各种资料）进行拓展性思维活动，利用分析、综合、抽象、转换等手段置换出初步结论。灵感的来临，或许是戏剧性的，它可能产生于举手投足的一瞬间，可能产生于沐浴时，也可能产生于旅途中。灵感稍纵即逝，因此养成及时记录的习惯也很重要。它是创造性思维导向创造结果的关键。

5. 确认期

信息、灵感整合期产生的新观念并不一定是正确的，确认期是对先期得到的创造结果给予分析、检验或修正的过程。此时的创造性思维表现在通过逻辑推理把提出来的思想观点确定下来，并通过实验或调查加以验证，在视觉领域通常根据这些思维结果，用作品或产品的形式具体表现出来进行反复验证，力求诉求点表达得准确和完美，创造性思维的历程才算结束。

1.1.3 思维的种类

1. 以思维的方式作为参照物来划分，可以把思维分为动作思维、形象思维和抽象思维。

（1）动作思维

动作思维是伴随实际动作进行的即时性思维，在实际操作的过程中不断获得经验、感受和灵感的思维方式。手做设计就是动作思维最好的例证，在手做的过程中经常会根据当下的情形和需要进行形态的重塑与优化。

（2）形象思维

形象思维是主要依靠事物的具体形象、表象而进行思维，是画家在绘画、设计师在设计的过程中经常运用到的思维方式。

（3）抽象思维

抽象思维也称逻辑思维，是利用某一概念进行的思维活动。概念是人类反映事物本质属性的一种思维形式，因而抽象思维是人类思维的核心形态。

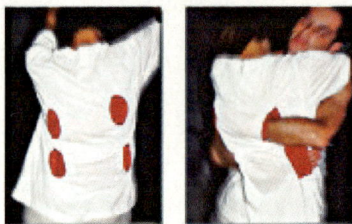

Love Shirt/拥抱无痕，爱无止境

材质变换带来的新视角

2. 以思维探索结论的方向性划分，可以把思维分为聚合思维和发散思维。

（1）聚合思维

聚合思维又称求同思维，是将针对问题所提供的各种信息聚合起来得出一个最佳结果的思维。

（2）发散思维

发散思维又称求异思维、辐射思维，是从一个目标出发，分别沿着各种不同的思维路径寻求多种解决方式的思维。

3. 以思维的运作维度划分，可以把思维分为惯常思维和创造性思维。

（1）惯常思维

惯常思维是指人们运用已获得的知识经验，按惯常的方式解决问题的思维方式。

（2）创造性思维

创造性思维是指以新异、独创的方式解决问题的思维方式。

1.1.4 思维的方式

1. 联想思维

联想思维是由此物联想到彼物、由表及里、由因及果的思维过程，通过思路的链接把看似毫不相干的元素联系起来，产生新理念、新思维。联想是感性形象对思维过程渗透的一种运动形式，由表象而生，联想达于想象，在这一思维过程中它受到"逻辑"的制约。联想思维需打破常态的思维模式，体验别人不曾走过的思维路径，进行点对点或点对面的思维链接。事实上，任何两个表面上看似不相干的事物都可以通过某种合适的方式联系起来，因此我们这时需要的是活跃的大脑和超越思维常态的胆量。

2. 想象思维

想象思维是人脑对记忆中储存的表象进行加工、改造、创造新形象的过程。想象力是思维和创造的基础，是思维飞跃的内在动力，它能带领我们超越以往范围的把握和视野。想象是将对象深化认识并以此为起点将其升华的一项重要心理机能。丰富的生活积累和广泛的生活接触是我们提高想象能力的客观前提。想象世界与客观现实世界常常利用想象思维进行二度重合来生成丰富的视觉世界。

3. 发散思维

发散思维是指在解决问题的过程中以一个目标出发，不受任何规则的影响，沿着不同的思维路径、不同的思维角度，从不同的层面和不同的关系出发来思考问题，追求思维的广阔性，大跨度地进行联想，以求最大限度地找出解决问题的方案（可行性暂不考虑），因此其量和质直接决定发散性思维取得的结果和要达到的目的。发散思维是一种重要的创造性思维，具有流畅性、多端性、灵活性、独创性和

铿锵玫瑰/矛盾体的杂糅设计，绽放着视觉吸引力

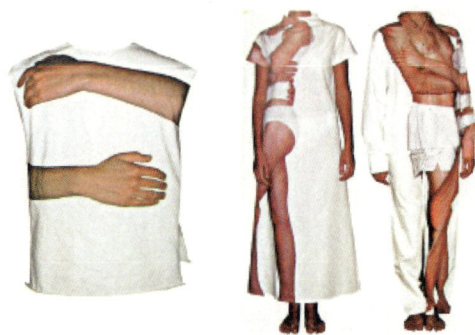

人体图案的服饰设计/亦真亦幻，找吧，我到底在哪里

两颗钉子的故事/模拟场景的设计，钉子变成了我们自己

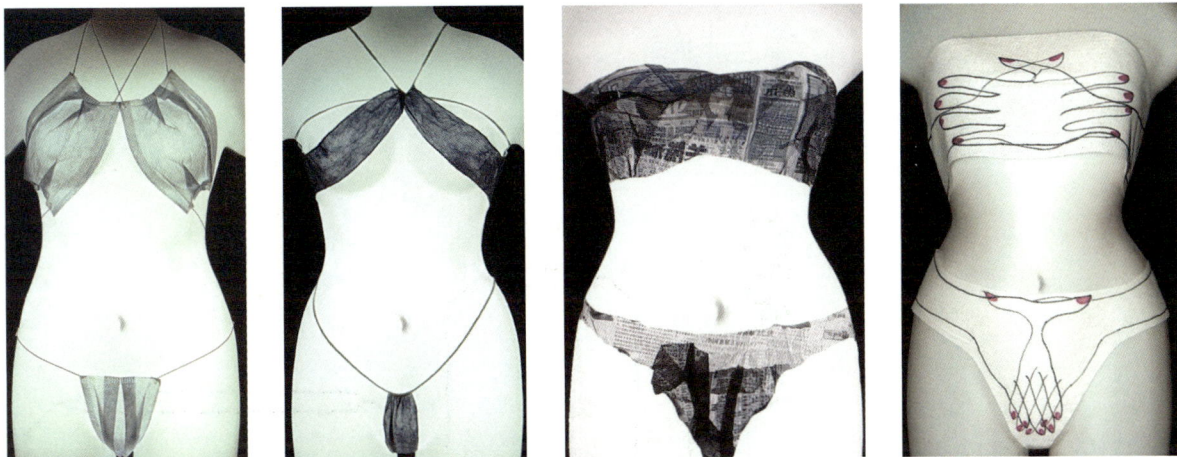

内衣的材质设计/现成品的重新定义，让视觉不再平凡

精细性等特点。发散思维通常不依常规，寻求变异，使得思维变得宽泛、活跃、没有负担，在思维发散的过程中需要张扬知识和力，是设计师经常用到的一种思维类型。

4. 逆向思维

逆向思维是创意思维中的一种重要思维类型，它是对司空见惯的、似乎已成定论的事物或观点进行反向思考的一种思维方式。敢于"反其道而思之"，让思维路径向对立面的方向延伸，从问题的反面进行深入的探索，进而创造新的视觉形象。人们习惯于沿着事物发展的正常方向去思考问题并寻求解决办法，但在某些问题上从结论开始分析，倒过来思考或许会使问题的解决变得轻而易举，逆向思维的结果常常会令人大吃一惊、喜出望外、别有所得。逆向思维可以更加清楚地看到事物的本质，加强事物的认识，从反向中寻觅突破。

运输车厢体的逆反视觉设计/是前是后？是里是外？是正是反？

虚与实、线与体的精妙组合

1.1.5 思维的载体

思维的载体即思维外化的形式，视觉艺术的思维通常借由文字、图形、色彩、构图等方式作为载体进行意识的表达。

1. 文字载体

文字是传递思想最常用和最直接的一种载体。在文学作品中用文字表达所有，人们通过文字去体验已知或未知、物质或精神的世界。在视觉艺术中，文字也经常充当重要的角色出演，文字的表述方式和自身的视觉形式是独特的、是富有魅力的。在任意一种文字使用的区间内，它是最明晰与最具亲和力的信息传递载体。

2. 图形载体

图形是视觉传达的过程中使用维度最广的一种载体。图形语言的丰富性使人们对于它的关注与接受程度高于其他的载体。大量运用图形表述创意、表达思想是读图时代到来的标志，绘本读物的热卖足以说明这一点，自由放松的表述方式带给读者的是视觉器官的解放。在海报设计中，图也是最主要表达方式，图形语言无界的特质让交流无障碍。

会说话的图形/雅典奥运会的视觉设计

海报设计/文字的物化模拟设计，更加直接的视觉传递

文字的角色出演/更加清晰的图形语言

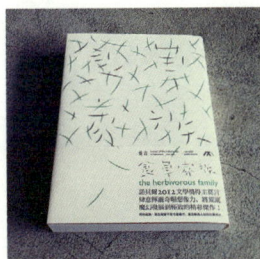

有形有意

陶艺作品/一抹红色，点亮了作品

3. 色彩载体

在视觉传达领域里，色彩是直抵心灵的一种思维载体。白色洁净、轻柔，黑色沉重、稳定，红色激情、热烈，蓝色冷静、理性……愉快的、悲伤的，智慧的、愚钝的，清纯的、热辣的，理智的、混沌的……所有的思维情愫都会有它对应的色彩为之无声地亮相，因此色彩是思维载体中不可或缺的因素。

4. 构图载体

构图是指视觉作品中视觉元素集合的方式，是思维载体的一部分，不同的构图样式会呈现不一样的心理感受。当观者看到倾斜构图的时候会感到动态、不安定，当看到金字塔形构图的时候会感到稳固和安全等，那么这也是设计师在用构图来强化自身思维轨迹的重要方式。

有现场感的包装设计

瓶贴设计/味道经由色彩传递

包装设计/梦和现实一步之遥，酷酷的、甜甜的味道

1.2 关于创意

1.2.1 创意的定义

创意是睿智的大脑与严谨的工作精神相结合的产物，创意是出其不意的好点子，创意是对一切旧有格式的不同程度的打破，创意是艺术与技术的组合力量。在艺术创作的过程中我们会有意识地、自主地采取一些行动来刷新旧有的观念和样式，这些行动我们也称之为创意。

1.2.2 创意的心态

创意思维是一种综合性的思维方式，其涵盖了超常规思维、创造性思维、形象思维、逆向思维等多种思维方式。创意思维的运行模式是打破旧有格式、摒弃旧有规则，全面探究问题实质后产生的新观念、新创意。创意潜能是每个人通过开启都可以拥有的思维能力，开启的方式与创意的心态有关。

1. 冒险心态

任何一件事物的诞生都会存在这样或那样的风险，冒险则意味着从心理上对于未知因素的全面接受。探险的过程和结果都会给人带来刺激和惊喜，在创意的过程中我们要勇于充当"第一个吃螃蟹的人"，对于未知领域的探索与尝试是创意产生的孵化器。

2. 好奇心态

好奇心就是我们希望自己能了解更多事物的不满足心态。好奇心会让我们发现生活中处处都有奥妙，能帮助我们更好地发挥创意的潜能。好好发挥自己的好奇心，人生便是永无止境的学习，其中有很多发现神奇的喜悦。我们应该懂得欣赏神奇，因为那些神奇是促使我们接触新兴事物、获得美妙创意的原动力。

3. 挑战心态

创意思维的运行模式是打破旧有格式、摒弃旧有规则，全面探究问题实质后产生的新观念、新创意，创意需要敢于挑战现状而不墨守成规。在学习的过程中把每一次课题实验当作一个执着的游戏，用激情与智慧去挑战，勇敢地逾越一些所谓的障碍，如表现形式的最终选定、实验材料的性能与加工技法的掌控等，让创意发挥到极致。

4. 想象心态

想象是人在脑子中凭借记忆所提供的资料或针对现实中的某一具体物件进行思维加工，从而产生新形象的心理过程。想象是人类特有

学生作业（刘竹）/概念球

户外广告设计/虚实相生的构图，震撼人心

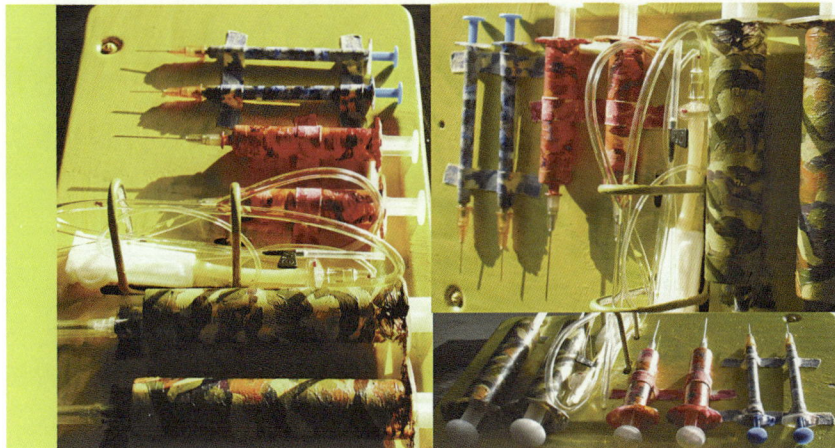

学生作业（李月）注射器+针管+胶布+丙烯

的、对客观世界的一种反映形式，它能突破时间和空间的束缚，任由
灵感与智慧在此碰撞。

1.2.3 创意的能力

创意是合力产生能量的过程，敏觉力、流畅力、变通力、独创
力、精进力是合力中的主要力量。

1. 敏觉力

敏觉力是指创意过程对于有效信息捕捉的敏感度。当我们面对一
个创意主题的时候，通常会有各种各样的想法呈现出来，合理的、不
合理的，巧妙的、平庸的，持久的、稍纵即逝的等，我们此时需要独
到的眼力和高度的敏感，在丛生的创意中把精良的、有效的创意信息
提取出来，在创意活动中敏觉力是一种重要的识别能力。

2. 流畅力

流畅力是指在创意过程中思维的爆发力，即针对某一创意主题
能想出很多可能性或方案的能力。颠覆常态的思维状态，用不同的角
度、方式思考是流畅力得以锻炼的关键。没有束缚、天马行空的思维
方式会让自己的思域拓展得更加宽泛、流畅，为一个好的创意的诞生
提供更加丰富的前期方案。在创意中脑地图和头脑风暴都是创意流畅
力得以有效发挥的主要方法。

3. 变通力

变通力是指改变思维的路径，扩大思考类别以及突破思考限制的
能力。变通力主要是突破旧有观念和固态思维。

4. 独创力

独创力是指想别人没想到的、做别人没做过的而且有实际效果的
创造力。独创力是创造性思维的核心和基础，是创意流程中最宝贵的
一种能力。独创力会带给社会新的观念、新的视觉样式乃至于新的生
活方式，诸如各种家用品的设计，大到电器，小到餐具，都是独创力
的光芒所在。独创力是智慧的展现，所有优秀的设计师都应具有高度
的独创力。

5. 精进力

精进力是指能从更精致、更细密的角度思考，在原来的构想上添
加新观念，增加设计细节的能力。精良与细节通常是设计师素养的体
现，从人本的角度考虑，精进力是让创意更完善、更精彩、更有责任
感的表现，其代表了以理性思维为主的一种思考方式。

约瑟夫·孔苏斯/一把和三把椅子/作品成分：真实椅子+照片椅子+椅子释义摘录 作品意在艺术品提供的观念才是艺术的本质

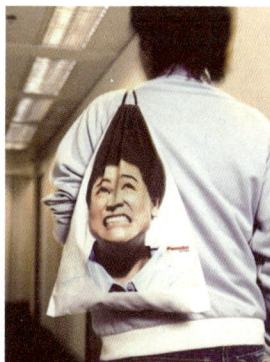

虚惊一场的提袋创意

混淆视听的T恤创意

1.2.4 创意的要素

1. 创意标新立异

在整个创意过程中，我们始终要告诉自己：我们是在做一件标新立异的事情，我们所呈现的观念或意识应该是独一无二的、予人智慧的。我们在做创意的时候尽可能地找到属于自己的智慧，即原创性的部分。在各种信息充斥的当下，标新立异的创意才能让设计作品闪耀出独有的光芒。

2. 创意与形式匹配

创意的实现是整个创意活动中的核心环节之一。在设计活动中，任何的创意最终都必须附着在某种形式之上，那么形式与创意的匹配就显得尤为重要，一个适合的形式才能更好地传递创意。在创意执行的过程中，寻找匹配的形式需要我们不断地推翻自己、挑战自己，需要有足够的热情和执着。当然，我们在"不择手段"地表现创意的同时，还应该有一个底线，那就是关注形式的可视性。

3. 震撼感官与心灵

一件优秀的创意作品会散发出由内而外的感染力，会主动"攻击"观者的各类感官，让人久久回味。好创意可以激发人的潜能与智慧，可以撼动心灵，让人爱不释手。当我们完成一项创意的时候，在第一时间和同学们分享，听听他人的感受与建议，这对于完善创意十分重要。

灯具？盒子

1.2.5　创意的提升

一件好的创意通常会历经循回往复的提升过程，我们需要把握好各个环节来确保创意的品质。

1. 肯定—否定—存疑

当创意浮出水面的时候，一般会经历肯定、否定、存疑的过程。肯定是对于创意的认可，大多是初始状态时的态度，随着思想的积淀，我们审视到创意上不合理的部分，于是就会否定或部分否定这一方案，针对方案进入思维挣扎期，找问题，找解决方式，修正不合理的部分，进而确定方案，在这一过程中我们需要足够的耐心和敏觉力。

2. 自我—他人—群体

创意之初都会停留在创意个体的观念与意识上，难免会有偏颇之处，我们应发挥交流的作用，将方案与他人广泛交换意见，集合他人的智慧，使创意完善。经修正之后，再将方案置于群体之中，观反应，听意见，在一定的范围内检测创意的效果。

3. 无序—有序—可行

任何一件创意都会历经无序、有序、可行的过程，在思维爆发期会有各种与主题相关的创意迸发出来，丰富而无序；之后会进入创意方案的整理期，剔除一些没有太大价值的方案，将保留的方案进一步深化，拓展后的创意将会是我们的可行性方案。

克里斯托，让娜·克劳德/包裹海岸/作品成分：澳大利亚海岸线+聚乙烯幕布　作品展现别样风景

回形针筑起的Nest

风格明晰的品牌搭配，从头看到脚

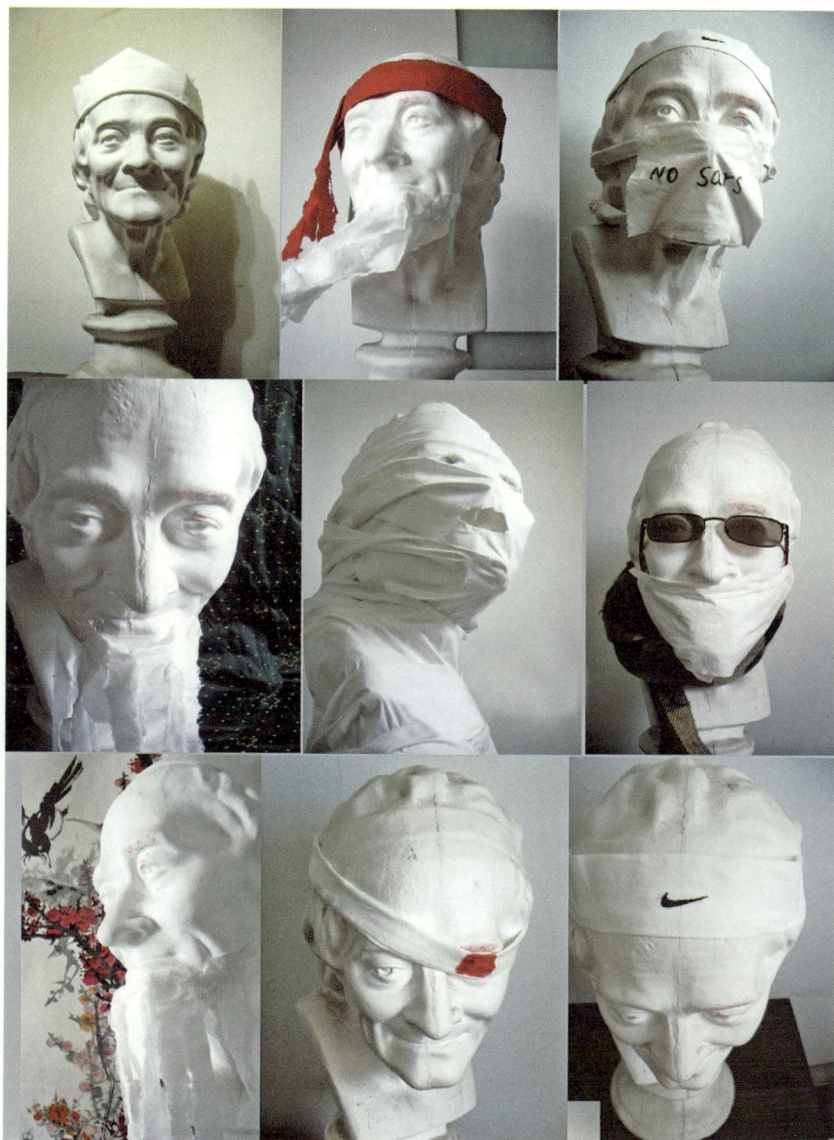

学生作业（沈科）/伏尔泰遭遇卷
筒纸/素材：石膏像+卷筒纸+道具
其他方式：装扮

学生作业（李月）影像/随心所欲的"我"/作品成分：3件白色长褂（自制）+绘画工具+全班同学+DV机一台　作者设置无障碍的环境，让参与者随心所欲地涂抹，借助群体的力量完成创意

1.3　创意思维与设计

创意是艺术设计的灵魂，一件创意平庸的设计作品就像过眼云烟一样在观者的心里不会留下一丝痕迹，这样就会违背设计的原则与初衷，因此拒绝思维的平庸，用创意解决问题是我们应该始终坚持的信念。创意思维与设计的课程就是旨在帮助设计各专业的同学们学会使用创意的武器，积蓄创意的能量。

我们完全有理由相信创造力制胜的时代已经到来。创意很显然在以加速度的形式改变着人们的生活方式，为人类创造最大限度的自由与便捷，现实生活变得更加有趣。我们要想在竞争的环境中脱颖而出，就要超越方法与技能、超越逻辑与理性，坚信创意是一股不可思议的力量。因此创意对于一个设计师来讲极为重要，要求设计师必须具有宽广的思维视角、深邃的智慧、丰富的知识和个人的自信、经验、品位与眼光，既不盲从，又不孤芳自赏，既宽泛而又严谨。同时，还应重视本民族悠久的文化传统和民族文化本色，文化是不可以复制的，创意是一种恒动的力量，创意与文化的相遇将是强强联合。

生态产品设计/座椅？花插

看得见的味道

以飞机机翼造型为创意的桌子设计/金属质感，流线造型，大胆的创想，是否会为你的工作带来更大的动力

仿生形态的家具设计/环境的铺设，形与影的精巧设计

造型温润质朴但功能不凡的茶具创意

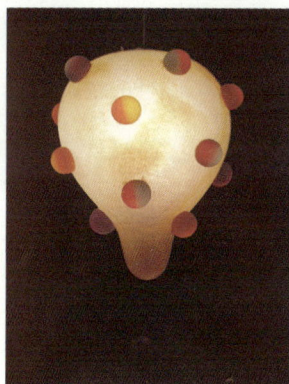

性感、温暖的触角

随心所欲的杯子

1.4 创意思维集训（一）

1. 寻找相关性的练习

在本课程进行的期间每天花5分钟为两个不相干的事物找相关性。如杯子和遥控车，手机和伏尔泰。

2. 拼图游戏

将任意三种不相干的形象用某种方式组合在一起形成一个完整的画面。如建筑物、台灯和卷筒纸的组合。可以用拼贴、复印、手绘、摄影、电脑制作等方式完成。

3. 概念多元化表述

以"山"为基本概念进行延展性表达。

以15种不同的形式表达山的概念，可平面、可立体、可尝试各种材质。

第2章 思维方式的突破与新建

游戏时间：

1. 如果一张普通的纸足够大，对折50次以后，大概有多厚？

2. 某人到外国去了，可周围全是中国人，这是怎么回事？

3. 美国的总统死了，副总统就是总统；那么，副总统死了，谁是总统？

4. 某人坐在屋子里读书。天色已晚，他还在屋子里读书，请问他是怎么读书的？

思维是人脑对客观事物的间接和概括反映。思维定式，或者说思维障碍都是心理学领域的术语。所谓思维定式，就是按照积累的思维活动的经验教训和已有的思维规律，在反复使用中所形成的比较稳定的、定型化的思维路线、方式、程序、模式。在设计中的表现是设计思维陈旧，没有创意，画面没有视觉吸引力，起不到优化人们生活的作用。因此，打破思维定式，对创造性的设计十分重要。

法国作家大仲马有一句名言："人的脑袋是一所最坏的监狱。"的确，在漫长的历史中，囚禁人类生机的恰恰是经常处于僵化的脑筋。开启"监狱"大门的钥匙是：正确、明晰的思维路径，良性、合理的思维方式和习惯。

爱因斯坦说过："想象力比知识更重要，因为知识是有限的，而想象力概括着世界的一切，推动着进步，而且是知识进化的源泉。"他之所以提出想象力，正是看到人类思维被诸多因素束缚着，比如个人阅历、环境、心理、对未知领域的陌生感等。只有冲破现实的束缚和知识的局限，我们才能创造更多、更好的东西。

下面告诉大家答案吧。第一题，因为纸足够大，所以厚度你可以尽情想象。第二题，没说这人是哪国人，所以一个外国人来了中国，周围当然是中国人。而中国对这个外国人来说就是国外。第三题，不要受到前面条件的束缚，答案就会很容易找出来，还是总统自己了。第四题，你可能会说他借助邻居家的灯光或用手电筒照明，可以，但最绝的是，你考虑过他是一个盲人吗，盲人看书还用光线吗？你可能会觉得这些就是脑筋急转弯，有些牵强附会，但正是这些天马行空的思维，会让你脑洞大开，给设计带来无限的创意。

2.1 下意识型思维

下意识型思维是指根据先前的个人经验，不知不觉地就会参照以前的做事模式。事后，还不一定可以发觉这种模式是否合适。下意识型思维又被称为习惯型思维。人们在相对单一的环境中工作和生活，久而久之就会形成一种固定的思维模式。每个人每天可能就是做着同样的事情，老师上课，下课，回家；学生教室，食堂，宿舍三点一线。上班为了节约时间我们会选择一条最近的路线，并日复一日地重复等。当然，在这些情况下，按照习惯性的经验去思考、去行事可以少添麻烦，节约时间，让生活变得简单有序。但是我们会发现下意识型思维往往会使人们习惯于从固定的角度来观察、思考事物，以固定的方式来接受事物，它是创新思维的天敌。要想使自己变得聪明起来，要想进行创新，就必须自觉地打破下意识型思维的障碍。有这样一个著名的试验：把6只蜜蜂和同样多只苍蝇装进一个玻璃瓶中，然后将瓶子平放，让瓶底朝着窗户。结果发生了什么情况？你会看到，蜜蜂不停地想在瓶底上找到出口，一直到它们力竭倒毙或饿死；而苍蝇则会在两分钟之内，穿过另一端的瓶颈逃逸一空。由于对光亮敏感跟蜜蜂的生活习性相关，它们肯定认为"囚室"的出口必然在光线最明亮的地方，它们不停地重复着这种合乎逻辑的行动。然而，正是由于长期形成的习惯使这些蜜蜂灭亡了。

下意识里，起瓶器和瓶塞是两个不同的工具，各尽其能。图中巧妙自然地把两者的功能融为一体，彰显创意设计为生活带来的乐趣

潜意识中，人们总是认为拖鞋只能朝一个方向穿。图中鞋子从两个方向都能穿。运用相对理念开发设计的鞋子为我们提供了新的可能

　　而那些喜欢乱窜的苍蝇则对事物的逻辑毫不留意，全然不顾亮光的吸引，四下乱飞，结果误打误撞碰上了好"运气"，这些头脑简单者在智者消亡的地方反而顺利地得救，获得了新生。

　　蜜蜂的经验让它们永远朝着窗户的方向去找出口，结果被困死。而人何尝不是一样，每个人都在不同程度地被自己的习惯和惯性思维所左右。在职场中，很多人换了一个公司总是觉得难以适应，原因就在于他们总是将以前公司的那种文化和处事方式，拿到新公司里来套用，结果一再碰壁。事实上不是你现在的公司文化不好，而是你不能突破和改变旧有的思维习惯和行事的方式。

　　影响创造性思维的关键因素在于人对于风险会下意识地采取规避。因为我们干一件事情，越富于创造性，承担的风险就会越大，因此，尝试新事物、运用新方法，关键是要有勇气承担比循规蹈矩更多的风险。但不容忽视的一点是，在很多特定的时期，如果不能打破这种思维定式，反而会使我们陷入更加危险的境地，重蹈蜜蜂的覆辙！因此，我们必须学会冒险、学会应变、学会突破这种思维定式，才能找到更为广阔的天空。

2.2　权威型思维

　　从我们上小学起，就这样认为，老师说，学生听。好像老师永远是对的，学生永远是服从老师说的每一句话。以至于在今后长期的学习、工作和生活中，逐渐形成对老师、领导、经理、董事长等这类权威人士的敬畏，因为他们都具有发言权和决定权。

　　权威型思维的形成主要通过两条途径，第一条途径是在从儿童到成年的成长过程中所接受的"教育权威"；第二条途径是"专业权威"，即由深厚的专门知识所形成的权威。权威型思维的强化往往是由于统治集团有意识的培植，而且权威确立之后常会产生"泛化现象"，即把个别专业领域内的权威扩展到社会生活的其他领域内。

　　我们尊重权威应该把握好一个度。一切按照权威的意见办事，不敢对权威说不，在需要推陈出新的时候，它往往使人们很难突破旧权威的束缚。特别是当今时代的年轻人，应该有这种认识：权威的意见只是在特定的时间、特定的地点起作用，要充分相信自己，以自己的实际行动证明自己，检验真理。历史上的创新成果常常是从打倒权威开始的。

个性化的冰箱外观设计。此图为西门子与中国扶贫基金会在北京798艺术区联合举办的
《灵感2008——第二届西门子彩绘冰箱艺术展》，28位国内外知名艺术家，以冰箱为画
布，尽情挥洒艺术灵感，所有艺术品进行拍卖，义卖所得捐助中国扶贫基金会"母婴平
安120行动"项目

对于权威，应当学习他们的长处，以他们的理论或学说作为基础
和起点，但不可一味模仿，不敢超越他们，如果人们永远做权威的随
从就会一直是个小角色，丧失创造力，永远不能超越权威了。

德国哲学家尼采在《查拉图斯特拉如是说》一书中对权威型思维
定式的弊端有过精彩的论述：

查拉图斯特拉决心独自远行。在分手的时刻，他对自己的弟子和
崇拜者们说，你们衷心地追随我，数十年如一日。我的学说你们都已
经娴熟于胸、出口成诵了。但是，你们为什么不以追随我为羞耻呢？
为什么不骂我是骗子呢？只有当你们扯碎我的花冠、以我为耻并且骂
我是骗子的时候，你们才真正掌握了我的学说！

2.3　从众型思维

从众型思维就是指做事随波逐流，缺乏自己的主见。从众心理，
应该是目前社会中最典型的现象。在这个快节奏、纷繁复杂的世界
拥有太多未知性。人们似乎觉得跟随大众的脚步，少走弯路，不会出
错。为此，大多数人往往因从众心理而陷入盲目的追捧。国内先期出
现的大众选秀娱乐节目"超级女声"和随后仿效的"快乐男生"等，
起初有新鲜感，到后期便索然无味，甚至有些无聊。

从众型思维的根源在于，人是一种群居性的动物，为了维持生活，每个人都必须在行动上奉行"个人服从群体，少数服从群体多数"的准则；然而这个准则不久便会成为普遍的思维原则而成为"从众型思维"。

从众型思维使得个人有归宿感和安全感，以众人之是非为是非，人云亦云随大流，即使错了，也无须独自承担责任。人们大部分的行为选择其实都是从众的结果，而很少经过自己独立的深思熟虑。从众心理导致的思维障碍，使人们缺乏独立探索的精神，抑制了对创新的敏感和勇气。突破从众型思维定式就是要每个人有一双明亮的眼睛和灵敏的大脑，关键时刻要有自己的主见，要有意识地培养自己的独立判断力。

下面这个实验能够说明从众型思维定式。有科学家曾做过一个实验：将4只猴子关在一个密闭的房间里，每天喂很少食物，让猴子饿得吱吱叫。数天后，实验者在房间上面的小洞放下一串香蕉时，一只饿得头昏眼花的大猴子一个箭步冲向前，可是当它还没拿到香蕉时，就被预设机关所泼出的热水烫得全身是伤，当后面三只猴子依次爬上去拿香蕉时，一样被热水烫伤。于是猴子们只好望"蕉"兴叹。

又过了几天，实验者换进一只新猴子进入房内，当新猴子肚子饿得也想尝试爬上去吃香蕉时，立刻被其他3只猴子制止，并告知有危险，千万不可尝试。实验者再换一只猴子进入，当这只猴子想吃香蕉时，有趣的事情发生了，这次不但剩下的两只老猴制止它，连没被烫过的半新猴子也极力阻止它。

实验继续，当所有的猴子都已换过之后，仍没有一只猴子敢去碰香蕉。上头的热水机关虽然取消了，而热水浇注的"组织惯性"束缚着进入笼子的每一只猴子，使它们对唾手可得的盘中美餐——香蕉，奉若神明，谁也不敢前去享用。

在日本，有一家纺织公司的董事长，名叫大原总一郎，他曾提出一项维尼纶工业化的计划。但是，这项计划在公司内部遭到普遍的反对。大原总一郎不屈不挠，坚持推行自己的原定计划，终于大获成功。他父亲经常对他说："一项新事业，在10个人当中有两个人赞同就可以开始了；有5个人赞成时，就已经推迟了一步；如果等到七八个人赞成，那就太晚了。"

这一正一反的两个例子，说明真理往往掌握在少数人这边。想要不拘一格，就要突破从众型思维定式。

难道柜子设计应当是方方正正的吗？创意也可以是曲线的自由组合，为了达到功能和审美的变化要突破常规思维方法

我不是吸管，我是灯啊

符号化的灯具设计

2.4　书本型思维

　　书本型思维定式就是指做事完全依赖书本上的知识内容，认为读书越多，创新能力必然越强，碰到问题就查阅书本资料，这样容易使人产生教条主义和本本主义错误。这是因为书本知识具有两面性。首先，我们要看到书本知识具有不断增长、不断更新的特点，从而有可能使我们看到它们的相对性，经过比较发现其局限性，进而开阔眼界，增强创新能力。然而，知识经验又是相对稳定的，而且知识是以严密的逻辑形式表现出来的，因而又有可能导致对它们的崇拜，形成固定的思维模式，由此削弱想象力，造成创新能力的下降。知识本身是一种限定或框架，"任何肯定即否定"，因而使人难以想到框架之外的事物；知识经过"纯化"之后，常常只提供唯一的标准答案，既不能完全符合现实，也会扼杀人的创新思维。

　　面壁十年图破壁——这句话形象地说明了书本知识应该只是自己开拓未来世界的工具。人们进行知识的积累就是为了今后能够创造符合时代的新知识。俗话说："尽信书不如无书"。书本知识作为前人的经验总结，为的是能够指导后来者。时代在发展，条件在变化，书本知识也有可能过时。因此，人们既要学习书本知识，接受书本知识理论的指导，又不能盲目迷信书本，要敢于提出十万个为什么，经常

一部分是桌面，另一部分是可活动的储物台面，学习、工作所需的零碎物品均放置于此，一目了然。整个造型摆脱了传统书桌抽屉式的笨重形态

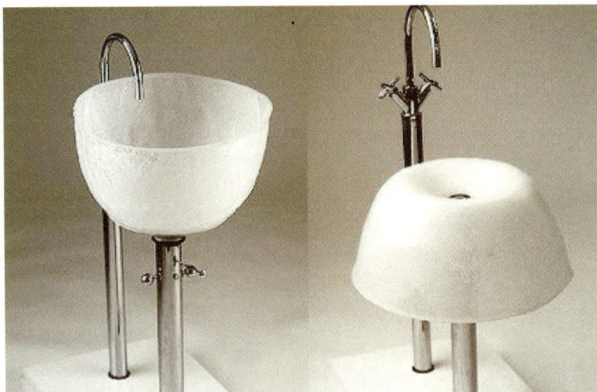

书本告诉我们，水池的材料应该用坚固的石材。而这款水池的四壁采用硅树脂橡胶支撑，可以根据需要调节水池的深度，例如，当需要水池变浅一点的时候，就可以根据需要把四壁向外翻转

进行创新思维训练，以便灵活地运用已有的知识，让它们与自己的智慧同步增长。

下面举个书本型思维定式的例子供大家思考、回味。

战国时期，赵国有位名将叫赵奢，赵奢有个儿子叫赵括。赵括从小熟读兵书，谈起用兵之道，能够滔滔不绝，连他的父亲也对答不上来。后来，秦国进攻赵国，两军在长平对阵数年。赵王因听信流言，撤回廉颇，任用赵括为大将。结果，秦军偷袭赵营，截断粮道。赵军四十万人马被围歼，赵括也遭乱箭射死。"纸上谈兵"的故事说的就是赵括。书本知识只是看待事物的"理想状态"，做事还要看实际情况。

2.5　模仿型思维

模仿型思维，顾名思义就是照搬照抄，缺乏自己的创造。对一个儿童来说，模仿是一件好事，可以从中探索未知世界。模仿型思维能够加快他们认识外界事物的速度，有利于他们的成长。然而，对于一个国家、一个公司、一个成年人，单纯地依靠模仿思维，是不够的。

记得上小学时，我们的作文写作经常会出现雷同话题，爱妈妈就是给妈妈洗脚，一件难忘的事就是爸爸妈妈带自己去公园游玩等。到了大学，为了完成一篇论文或者一幅创作，经常东拼西凑，很容易出现雷同的文章。为此，中国著名的教育家叶圣陶先生就一针见血地指出模仿的弊端："学写文章从临摹的方法入手，搞得不好，可能跟一个人的整个生活脱离，在观念上和实践上都成了为写作而学习写作。还有，在实践上容易引导到陈词滥调的路子，阻碍自己的独立思考和创意铸语。通常说的公式化的毛病，一部分就是从临摹来的。"

莱奥纳多·达·芬奇能够有如此成就，因为他崇尚思维的创新和独立。他极力主张："一个人不应当模仿他人，因为这样他会被称作自然的孙子，而不是儿子。物质世界的存在形式多种多样，重要的是切入本质……"

目前，从中央到地方、从政府到公司都在强调创新。以前的模仿型经济、粗放型经济已经不能满足又好又快的发展了。自主创新才是发展的唯一生存之道。

奖牌设计从贵金属等材料考虑，形态普遍仿照奥运会奖牌设计。图中奖牌设计从游泳锦标赛的特点出发，打破原有的设计模式，呈现新的设计思路

集装箱纳物功能的延展

2.6 如何突破思维定式

人的思维往往有一种定式，按照以前的观点去思考问题、分析问题，然后用这种旧的、过时的思维模式得出的结论来指导我们的行动。大千世界，变化万端，特别是在这个飞速前进的时代，可以说，每一分、每一秒，我们周围的世界都在发生着变化。而我们仍旧抱残守缺，让思维的惯性继续影响我们的生活，使我们的生活陷入僵化和腐朽。要想突破思维定式，我们必须做到：

1. 保持个性，不盲目追潮流

当下是一个追逐潮流的时代，让人觉得眼花缭乱。有些人今天一个样，明天又是另一个样。须知，让所有人都去追赶一种时尚时，那就失去自我了。对设计而言，保持个性，十分重要，它是创意设计的前提。"just do it"，强调的就是每个人只要有自信，不盲目追捧，做自己，你就是独一无二的潮流。

2. 集中精力，聚焦关键问题

具有创造性的思维，必定需要抓住事物的关键因素，集中精力解决主要问题。创意思维的训练离不开发散性思维，因为设计项目的解决需要从多方面入手，但是如何让发散性思维成为创意思维则需要将有效的思维集中到一起。一般来说，创意思维首先要集中一定的思维能量，在此基础上再进行"集中—发散—集中—发散"的循环思维活动。将其进行综合利用，便产生了极具创意的形态。

3. 丰富知识，保持信息畅通

科学技术的发展，使得知识更新不断加快。创意思维的产生更需要丰富知识。建立一个"自主知识储备体系"是创意思维的基础。知识的多面性可以提供创意的原料。达·芬奇既是画家，也是建筑家、雕塑家、工程师和音乐家。而信息畅通则是创意思维的保障。信息时代的特点就是动态性和时效性。世界变成了一个地球村，抓住信息就等于抓住了创意。例如网易的丁磊、百度的李彦宏、谷歌的李开复等，他们都有留学背景，他们的成功，很大程度上得益于信息的"捷足先登"。

4. 多想多问，学会举一反三

创意思维方法就跟其他学科的方法一样，无穷尽。多想多问是创意思维的关键。一件事情的解决往往不止一种方式。举一反三可以不断扩展创意思维的外延，增加创意思维的方法。俗话说，脑子不用就会生锈。爱迪生能够有一千多项发明，我想这跟他善于思考，总结经

自然的就是亲切的。鹅卵石仿生形态抱枕，嗅到了海的味道

烟灰缸。一件日常用品变换了一种存在方式，周全而有趣

暖心舒适的户外长椅

验教训，不断尝试，举一反三的性格特点是分不开的。

5. 随机应变，营造创意环境

前文都是从内因角度说明创意思维。然而，创意思维的主体是人，外因的重要性也不可忽视。只有创意的环境具备，才能用"外因"来配合、激发"内因"，里应外合才能迸发出最好、最快的创意。只有抓住全球创意产业兴起的机遇，立足全球文化大背景，才能建立和发展国内文化创意产业，创新型国家。一个优秀的设计，应该能够洞悉产品背后的消费者需求、市场供给等外部环境，而不是单纯地只考虑产品本身的颜色、质感、造型等因素。

2.7　创意思维集训（二）

1.　9个点排列成正方形。要求一笔画4条直线，把9个点连起来。

然后一笔画3条直线也可以连接9个点吗？美国创新创造协会把这个智力游戏作为会徽。

2. 怎样用6根等长的筷子首尾相连，形成4个等边三角形？

3. 在一列时速200千米的火车上站着一个男子，他没有凭借任何支撑物，却能稳如泰山，这是为什么？

4. 分别有三个长度为2厘米、4厘米、10厘米的线段，不把它们折断能不能摆成一个三角形。

5. 桌上放着一个长方形纸盒和一根直尺。要求不经过计算，直接用直尺量出纸盒对顶角之间的距离。

6. 23匹马3个人分，分配比例分别是1/2、1/3、1/8，如何分？

7. 种4棵树，要求每棵树之间的距离都要相等。怎么种？

8. 有一只瓶子，里面一半是水，一半是油，由于油比水轻，油浮在水上面。有什么办法，不把油倒出来，只把水倒出来？

9. 如何用一把直尺量出粗细不到1毫米的铜丝的直径？

10. 在某一个考场里，正进行着紧张的考试，可考试结束后，有两张一样的试卷。事实上，考场上没有人作弊，这是为什么？

11. 桌子上放着一只装有半杯茶水的玻璃杯。请问：还可以在杯子里装什么？

12. 一个猎人走出自己的小屋，向南走了10千米后，折向东走了10千米，然后，又向北走了10千米，竟然又返回自己的小屋，而且小屋的位子并没有改变。请问这是为什么？

13. 你能用一把锉刀在薄铁皮上分别锉出圆形、正方形和长方形的孔吗？

14. 你能只用一根火柴棒把几十根火柴一次挑起来吗？

15. 某人用右手拿的东西，左手是绝对拿不到的，有这种可能吗？

16. 一个人打完棒球回来，身高就增加了1~2厘米，这是怎么回事？

17. 一个小湖的中央有一个小岛，岛上有一棵树。湖水很深，湖的直径有80米，湖边的陆地上也有一棵树。一个不会游泳的男子想到小岛上去，但他只有10条200米的长绳，他怎么能上小岛去？

18. 在绝对不允许用水洗澡的缺水地方，可以用什么科学的办法解决洗澡问题？

19. 只用一笔（不能来回重复）写出英文字母K。

20. 课堂上是不允许讲话的。可是一上数学课，就有人哇啦哇啦说起话来，这是怎么回事？

第 3 章　创意思维方式的拓展

创意思维是一种以形象思维为其外在形式，以抽象思维为指导，以产生审美意象为目的的具有一定创造性的高级思维模式。从某种意义上讲，创意思维是发散思维、收敛思维、逆向思维、联想思维、想象思维、灵感思维等多种思维形式综合协调、高效运转、辨证发展的过程，是视觉、手感、心智等与情感、动机、个性的和谐统一。

设计师在长期的设计实践活动中逐渐认识了设计物与人类社会环境之间的各种联系，创意思维的目的在于探索、激励创新的心理机制，克服定势思维所带来的障碍，充分发挥创造性思维的积极作用。

3.1　发散思维

发散思维又称"辐射思维"、"放射思维"、"多向思维"、"扩散思维"或"求异思维"，是指从一个目标出发，沿着各种不同的途径去思考，探求多种答案的思维，与收敛思维相对。不少心理学家认为，发散思维是创造性思维的最主要特点，是测定创造力的主要标志之一，在创意发生阶段主要采取这一思维形式。

发散思维是一种跳跃式思维、非逻辑思维，是指人们在进行创造活动，解决问题的思考过程中围绕一个问题，从已有的信息出发，以不同方向、角度，多层次去思考、探索，从而获得众多的解题设想、方案和办法的过程。

发散思维过程是一个开放的不断发展的过程，它广泛动用信息库中的信息，产生为数众多的信息组合，在思维发散过程中，不时会涌出一些念头、奇想、灵感、顿悟，而这些观念可能成为新的起点、契机，把思维引向新的方向、新的对象和内容。因此，发散思维是多向的、立体的和开放的思维。

求异思维是发散思维的一种形式，即开阔思路，不依常规，寻求变异，从多方面思考问题，探求解决问题的多种可能性。其特点是突破已知范围，从多方面进行思考，将各方面的知识加以综合运用，分析问题，开阔思路，并能够举一反三，触类旁通。寻求标新立异、与众不同。如果我们以人的大脑作为思维的中心点，将思路向外扩散，思维的线路在发散过程中并不完全以直线形式进行，而是不断地探索；寻找新的触点和新的途径，这样创作思维的火花就会不断增多，新的构思会层出不穷。求异思维所倡导的是独立思考、敢冒风险和开拓进取的精神。求异思维不仅可以"异"在思维目标上，也可以"异"在思维方法上，这在开发、发明创造中非常重要。

发散思维的主要表现形式分为两种情形。

1. 多元发散，即针对一个设计问题的解决提出尽可能多的设计构想扩大选择的余地，使设计问题圆满解决。

2. 换元发散，即灵活变化影响设计物的质或量的诸多因素中的一个因素，衍生新的构想。这种形式有利于克服思维惰性，突破思维定式，得到成果。在提出设想的阶段，更有重要作用。

发散思维有流畅性、变通性、独特性、多感官性等四个不同层次的特征。

1. 流畅性：指发散的量，对刺激能很流畅地作出反应的能力。

2. 变通性：指发散的灵活性，能随机应变的能力。

3. 独创性：反映发散的新奇成分，指对刺激能作出不寻常的反应。

4. 多感官性：充分利用多个感官接收信息并进行加工。

流畅性是指短时间内表达较多的概念、想法，表现为发散的个数指标。变通性指的是发散的"类别"指标。独创性指能提出不同寻常的新观念，表现为发散的"新异"指标。多感官性能够激发兴趣，产生激情，把信息情绪化，赋予信息以感情色彩，会提高发散思维的速度与效果。评定发散思维能力的测验称为发散思维测验。当前流行使用的思维测验和创造力测验，基本上都属于发散思维测验，最有影响

同质发散思维

异质发散思维/中央美院学生作品，对一个立方体进行发散思维，形成新的空间形态

中央美院学生作品，对立方体在色彩、材质、肌理等方面进行发散思维，形成新的视觉效果

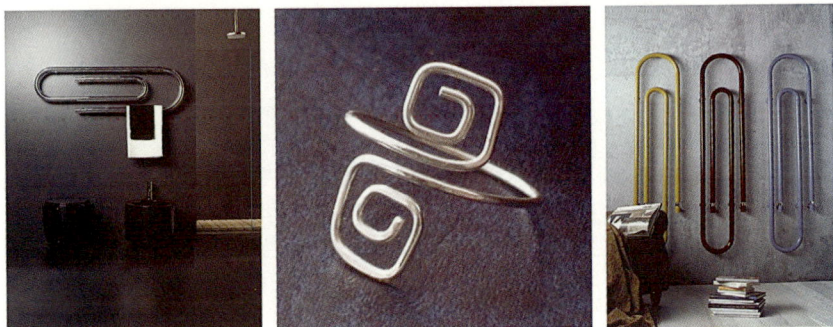

一颗回形针引发的创意

并能方便使用的有南加利福尼亚大学发散思维测验、托米斯创造思维测验，芝加哥大学创造力测验等。

3.2 收敛思维

收敛思维又称求同思维、聚合思维、集中思维或纵向思维，是指从已知信息中产生逻辑结论，从现成资料中寻求正确答案的一种有方向、有范围、有条理的思维方式。也就是说，它是一种寻求唯一正确或可行性答案的思维，是针对问题探求一个正确答案的思维方式。

显然，发散思维所产生的各种设想，是聚合思维的基础，集中和选择是对正确答案的求证。这个过程不是一次完成，往往按照—发散—集中—再发散—再集中的互相转化方式进行。

发散思维使我们在极为广阔的空间里寻找解决问题的种种假设和方案。但是发散的结果具有不稳定性。正确的结论只有经过逐个的鉴别、求证和筛选后才能得出。收敛思维在进行筛选新方法、寻找新答案、得出新结论时需有思维的广阔性、深刻性和批判性等思维品质。善于把握事物各方面的联系和关系，善于全面地思考和分析问题，才能选择具有新意的结果。同时，对众多的答案必须作有批判的取舍。没有思维的批判性，就无法对答案进行评价，区分哪些是合理部分，哪些不是合理部分。在设想或设计的实现阶段，这种思维形式常占主导地位。

无论收敛（求同）还是发散（求异），都可以创新。求同是通过模拟、类比来作出更多的发明和发现；而求异则是通过别出心裁、独辟蹊径、与众不同来达到创新的目的。收敛思维建立在发散性思维的基础之上，并与其相辅相成，共同发展。借助发散思维，找出多个创作触点，提出多种有价值的创作方案，再进行集中思维、深入整合，敏锐地找到切入点。聚合思维的核心是选择。我们说，选择也是创造，因为未经选择的发散，最终不能发挥效率，也就不能使设计思维转化为有效的创造力。

一切创造性的思维活动都离不开发散和收敛这两种形式。作任何一项设计都是发散和收敛交替进行的过程。在构思阶段，以发散思维为主，而在制作阶段，则以收敛思维为主。只有高度发散、高度集中，二者反复交替进行，才能更好地创作。作为辨证精神体现的现代思维方式，是将求同思维和求异思维有机地结合起来加以利用，在同中求异，在异中求同，从共性和个性的相互统一中把握我们的对象，两者的结合，能够使寻求创造的思维活动在不同的方法中相得益彰、相互增辉。

3.3 逆向思维

逆向思维是人们重要的一种思维方式。逆向思维也叫求异思维，是用与原来的想法相对立或表面上看起来似乎不可能解决问题的办法，获取意想不到的结果的一种思维形式。让思维向对立面的方向发

这个小房间的主人爱书成痴，伦敦的 Levitate 建筑设计事务所巧妙地利用了楼梯的空间设计了这个书梯，顺着楼梯找书很方便，每层交错都有可以坐着看书的地方

展，从问题的相反面深入地进行探索，树立新思想，创立新形象。人们习惯于沿着事物发展的正方向去思考问题并寻求解决办法。其实，对于某些问题，尤其是一些特殊问题，从结论往回推，倒过来思考，从求解回到已知条件，反过去想或许会使问题简单化，甚至因此而有所发现，这就是逆向思维的魅力所在。

逆向思维的主要表现形式有三种：

1. 反向选择。即针对人们惯性思维产生的逆反构想，从而形成新的认同品的问世就是一种反向选择的结果。

2. 破除常规。即冲破定势思维的束缚，用新视野解决老问题，并获得意外成功的效果。过去，当人们视力模糊时，一般要配戴眼镜，通过镜片前的形状来矫正眼球视物的焦距。自20世纪80年代以来，隐形眼镜遂风靡全球。它将一小块透明塑料片放在眼球前方的泪膜上即可取代硬镜片，而且这种镜片可随眼球转动，视野更为广阔。

3. 转化矛盾。即从相去甚远的侧面作出别具一格的思维选择。逆向思维具有双向性、创新性及转移性的特点。在构思设计方案时，应注意绕开以前所熟悉的方向和路径进行思考。同样是为了解决饭不糊的问题，有的公司开发不粘锅的新型材料来解决，而夏普公司却设计出电热源在盖子上的电饭锅。

黑色的喷泉，颠覆常规，颠覆现实生活中人们对喷泉的认识，给人留下深刻的印象

打破常规，将画面易位在画框上，形成冲突性的视觉样式

3.4 联想思维

联想思维是将已掌握的知识信息与思维对象联系起来，根据两者之间的相关性形成新的创造性构想的一种思维形式。联想越多越丰富，获得创造性突破的可能性越大。

联想可以激活人的思维，加深人们对具体事物的认识，联想是比喻、比拟、暗示等设计手法的基础。从设计接受和欣赏的意义上讲，能够引起丰富联想的设计，容易使接受者感到亲切并形成好感。

联想思维主要表现为因果联想、相似联想、对比联想、推理联想等。

1. 因果联想。即从已掌握的知识信息与思维对象之间的因果关系中获得启迪的思维形式。

2. 相似联想。指将观察到的事物与思维对象之间作比较，根据两个或两个以上研究对象与设想之间的相似性创造新事物的思维形式。

3. 对比联想。指将已掌握的知识与思维对象联系起来，从两者之间的相关性中加以对比，获取新知识的思维形式。

4. 推理联想。指由某一概念而引发其他相关概念，根据两者之间的逻辑关系推导出新的创意构想的思维形式。

联想思维具有形象性和连续性特征。

1. 形象性。联想思维属形象思维范畴，因为它的思维过程要借助于一个个表象得以完成。就好像电影里的一幅幅静止的画面，最后播放成为完整连续的电影，具有感性、直观的特点，所以这种思维显得生动、鲜明。

2. 连续性。联想思维一般是由某事或某物引起的其他思考，即从某一个事物的表象、动作或特征联想到其他事物的表象、动作或特征。这两种事物之间往往都是存在着某种联系的，继而再以后者为起点展开进一步的联想，直到最终结束。此外，也可能开始和最终的两个事物根本没一点联系，但却被这样一种思维形式联系在了一起，这就是联想思维的连续性特征的反映。

联想是人接纳能力、记忆能力和理解能力长期积累而突发的结果。

中央美术学院学生作品/颠覆品牌/对标志进行再设计，通过图形的变化，产生新的含义

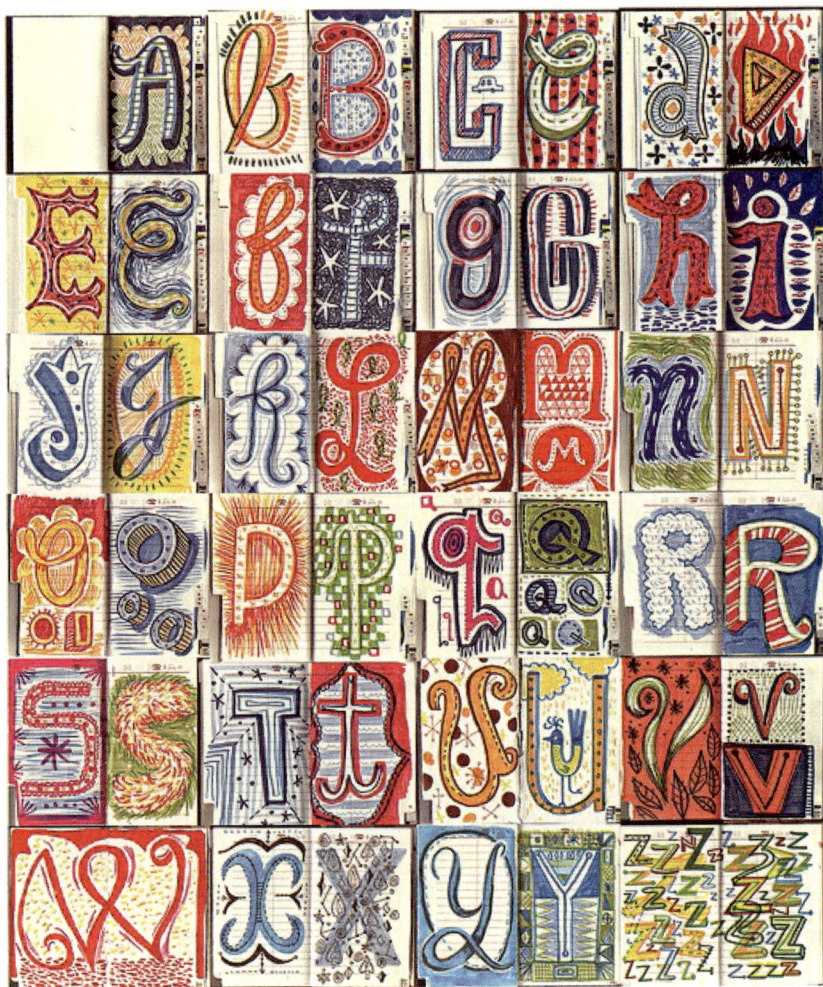

由形态衍生的联想

3.5　想象思维

想象是建立在知觉的基础上，通过对记忆表象进行加工改造以创造新形象的过程。一切新的设计都是想象的产物。想象和感觉、知觉、记忆、思维一样，是人的认识过程，但想象和思维则属于高级认识活动，明显表露出人所特有的活动性质。而想象能对记忆表象进行加工改造，从而产生新的形象或从未经历过的事物，甚至能预见未来。所以，人离开思维固然无法创造，离开想象同样不能发挥创造力。

创造想象对现实的材料进行加工改造，然后产生新形象。这种加工改造的过程，就是想象发挥创造力的过程。但是想象又必须突破过去经验和惯常思维的限制，才可以说是创造性的想象。只是在过去已经存在的设计作品上做一些修修补补的工作，谈不上是真正的创造。因此，真正优秀的、富有创造性的设计，总是给人以耳目一新，甚至出乎意料的感受。

创造性想象的方法很多，主要的有以下三种：

一是将相关的各种构成要素进行重组，突破原有的结构模式，创造出新的形象。在建筑设计、家具设计等立体设计中，根据新的需要或新的功能要求，对人们已经习惯了的空间分割或组合进行重新安排，即可形成新的设计形象。

二是借助于拼贴、合成、移植等方法，将看似不相干的事物结合起来，以形成新的形象。

三是通过夸张、变形等方法，突出设计对象的某种性质、功能，或改变其既成的色彩和形态，以形成新的形象。夸张可以是整体的夸张，也可以是局部的夸张；变形可以是单纯的量的改变，更主要的是质的改变。夸张和变形不仅可以创造出新颖的形象，而且可以创造出奇特、有趣的形象。

在设计过程中，所谓"创意"，根本上即是创造性想象的代名词。"创意"不单只是确立一个个抽象的设计主题，而更主要的是要构想出一个独特而具体的设计意象或形象。从这个意义上说，想象与联想在设计中的作用是有区别的，联想可以促进新形象的创造，但一般要受制于既存事物，而想象则要求尽可能突破一切限制，进行新形象的创造。

艺术作品以牛为载体，进行想象，将原本毫不相干的元素进行重构，产生新的视觉形象

3.6 灵感思维

灵感思维是设计思维的又一种表现形式。"灵感"渊源于古希腊文，原意是神的灵气。灵感思维，是人们的创造活动达到高潮后出现的一种最富有创造性的飞跃思维。灵感思维以逻辑思维为基础，以思维系统的开放、不断接受和转化信息为条件。大脑在长期、自觉的逻辑思维积累下，逐渐将逻辑思维的成果转化为潜意识的思维，并与脑内储存的信息在不知不觉的状态下相互作用、相互联系之中产生灵感。在现代设计领域，它往往被认为是人们思维定向、艺术修养、思维水平、气质性格以及生活阅历等各种综合因素的产物，是一种高级的思维方式。

灵感思维的形式具有无意识的特征，但这种无意识却包含在一个人大脑深层的潜意识活动中。从表面上看，设计灵感的发生常常出乎人的意料，这种特殊的思维活动似乎无规律可言，实际上它也要受到一定的逻辑规律的制约。首先，灵感思维的出现建立在设计师头脑思维活动的大前提之下，创作目标明确；其次，灵感思维不是凭空爆发出来的，它依赖于设计师长期的生活经验、修养以及长时间的思索。灵感出现之前已经有大量的设计素材、情感、信息深藏在设计师的潜意识当中，在思维过程中，某些信息在想象中产生了相互联系、产生了飞跃和升华，灵感就出现了。

创造性是灵感思维最基本的特征，它不是自然物质的再现和重复，而是在此基础上的创新，具有崭新的面貌，是一般自然物质形象不可取代的。这个创造性往往是独特的，从来没有两个设计师会发出完全相同的灵感火花，创作出完全同样的产品来。灵感还具有突发性和瞬时性。一个作品的创作过程中，灵感往往是突然而至，瞬间即逝，灵感思维对艺术家的创作起着不可估量的作用。

生机盎然的花草茶包装，闪现喝茶的灵感

在艺术创作中，灵感具有产生的突发性、过程的突变性和成果的突破性。突发性表现在人们日积月累的思考、在某种因素的刺激下、在人们毫无戒备的状态下突然显现出来。人的思想质变有两种形式：一是人们对事物积累和反复思考从感性阶段逐渐上升到理性阶段，这是渐进式的变化；另一种，是人们日积月累的知识达到一定的程度，经某因素触发而产生突变，使感性认识迅速升华为理性认识。灵感的出现能够打破人们的常规思路而产生特殊的效果，这就是过程的突变性。在艺术创作过程中，由于灵感的作用，人们的思维活动会突然开辟出一条新的路子，达到一个前所未有的新境界。这种思维活动为人们的视觉艺术创作突破常规思路，创造出更好的作品提供机会，称为成果的突破性。灵感是思维中奇特的突变和跃迁，是思维过程中最难得、最宝贵的一种思维形式。

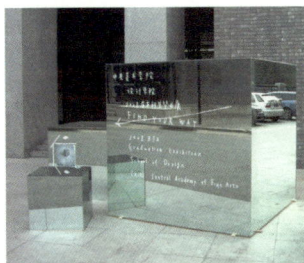

标志导向系统设计/利用镜面的反射，体现不同的空间，传达展览的主题"位置"

3.7　创意思维集训（三）

1. 什么是发散思维？该怎样进行发散？
2. 任选一个物品，运用发散思维为其设计新的功能。
3. 举一个典型的例子说明发散思维的过程。
4. 收敛思维的目的是什么？
5. 进行收敛思维应遵循怎样的方式？
6. 逆向思维有哪些方法？
7. 结合实际案例，谈谈运用逆向思维的体会。
8. 联想思维具有哪些特征？
9. 任选一个元素，进行从抽象到具象的联想。
10. 想象思维的方法有哪些？
11. 任选一个产品，充分发挥想象为其设计一个有创意的广告。
12. 分析一个成功运用想象力的案例。
13. 结合自己的设计实践，谈谈如何激发灵感。
14. 记录一次灵感产生的过程。

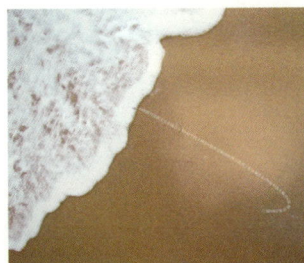

沙滩上的海浪和巧妙的文字编排形成了新的图形语言

第4章　创意思维训练方法

4.1　发现并捕捉灵感的能力

灵感，在传统的观点看来，是玄之又玄，可遇不可求的。但是对于设计师来说，创意是每天的工作，是强制性的劳作，是好作品的生命线，是客户满意的必杀技。而灵感又是创意的源泉，如何保证每个项目的创意，如何获得源源不断的灵感，本章提供给你各种创意思维的训练方法，以帮助你获得发现、捕捉灵感的能力。

4.2　联想发现创意法

4.2.1　头脑风暴法653法

1. 概述

头脑风暴法，是利用集体的思考，使思想互相激荡，发生连锁反应，以引导出创造性思考的方法，从20世纪50年代开始流行。常用在决策的早期阶段，以解决组织中的新问题或重大问题。头脑风暴法一般只产生方案，而不进行决策。它虽然主要以团体方式进行，但也可用于个人思考问题和探索解决方法时刺激思考，其定义是一群人在短暂的时间内，获取大量构想的方法。基本思想是以集体的方式激发创意。因为互相激励，可以创造出更多的创意来。给予无批评的自由环境，发挥最高度的创造力。方式是提出任何想到的创意，然后评价——可以分为"立即可用"、"修改可用"、"缺乏实用性"三种分类评价。

总之，在无拘无束的气氛下，大家踊跃提出创意。评价时依目的及实现的可能性等，加以严格查核。这样分别进行创意及评价的完全不同的思考过程，就是头脑风暴的特征。

2. 具体操作方法

（1）召集有关人员

参加的人员可以是同一行业的专家，也可以是不同行业的人员，甚至可以是毫不相关的人员，人数在7～10人之间为好。

（2）选择一个合格的召集人

1）了解召集的目的；

2）掌握头脑风暴法的原则；

3）善于引导大家思考和发表观点；

4）自己不发表倾向性观点；

5）善于阻止相互间的评价和批评。

（3）选择一个舒适的地点

1）一间温度适宜、安静、光线柔和的办公室或会议室；

2）严禁电话或来人干扰；

3）有一架性能良好的录音机；

4）有一块白板或白纸夹板，以及相应的书写工具。

（4）召集人宣布会议开始

召集人在会议开始时要认清目的、需要解决的问题、会议规则（如相互之间不评论等），再让每个人考虑10分钟。

（5）在头脑风暴中应注意以下几点：

1）尽可能让每个人都把方案讲出来，不管这个方案听起来是多么可笑或不切实际；

2）要求每个人对自己讲出来的方案简单说明一下；

3）鼓励由他人的方案引出新的方案；

4）全过程都录音；

5）把每一种方案写在白板上，使每个人都能看见，以利于激发出新的方案。

（6）结束

头脑风暴时间一般不要超过90分钟，结束时对每一位参与者表示感谢。

3. 经典案例

盖莫里公司是法国一家拥有300人的中小型私人企业，这一企业生产的电器有许多厂家和它竞争市场。该企业的销售负责人参加了一个关于发挥员工创造力的会议后大受启发，开始在自己公司谋划成立了一个创造小组。

在冲破了来自公司内部的层层阻挠后，他把整个小组（约10人）安排到了农村议价小旅馆里，在以后的三天中，每人都采取了一些措施，以避免外部的电话或其他干扰。

第一天全部用来训练，通过各种训练，组内人员开始相互认识，他们相互之间的关系逐渐融洽，开始还有人感到惊讶，但很快他们都进入了角色。

第二天，他们开始创造力训练技能，开始涉及智力激励法以及其他方法。他们要解决的问题有两个，在解决了第一个问题，发明一种拥有其他产品没有的新功能电器后，他们开始解决第二个问题，为此新产品命名。

在第一、第二两个问题的解决过程中，都用到了头脑风暴法，但在为新产品命名这一问题的解决过程中，经过两个多小时的热烈讨论后，共为它取了300多名字，主管则暂时将这些名字保存起来。

第三天一开始，主管便让大家根据记忆，默写出昨天大家提出的名字。在300多个名字中，大家记住20多个。然后主管又在这20多个名字中筛选出了三个大家认为比较可行的名字。再将这些名字征求顾客意见，最终确定了一个。

结果，新产品一上市，便因为其新颖的功能和朗朗上口、让人回味的名字，受到了顾客热烈的欢迎，迅速占领了大部分市场，在竞争中击败了对手。

4. 默写式头脑风暴法（635法）

美国式的头脑风暴法传入德国后，荷立根根据德意志民族习惯于沉思的性格，进行了改良，创造了默写式头脑风暴法。

（1）具体操作方法

1）每次会议6个人，每个人在5分钟内在设想卡片上写出3个设想，故又称为"635法"；

2）会议之始，由主持人宣布议题，即创意设想的目标，并对与会者的疑问作出解释；

3）发给每人几张卡片，在每张设想卡片上标有1、2、3编号，在两个设想之间要留有一定的空隙，可让其他人填写新的设想，字迹必须清楚；

4）在第一个5分钟内，每人针对议题在卡片上写上3个设想，然后传给右邻者。这样，半小时内可以传6次，一共可以产生108个设想。

（2）在"635法"中应注意以下几点：

1）开始前，注意明确议题；

2）议题范围应在参加者关心范围内；

3）讨论时气氛自由、轻松，但应避免太乱而无秩序；

4）主持人应注意控制时间。

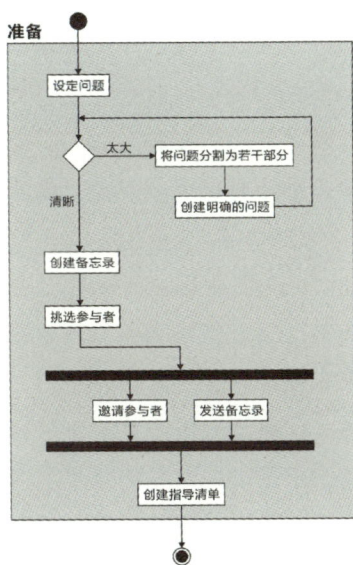

头脑风暴会议准备过程

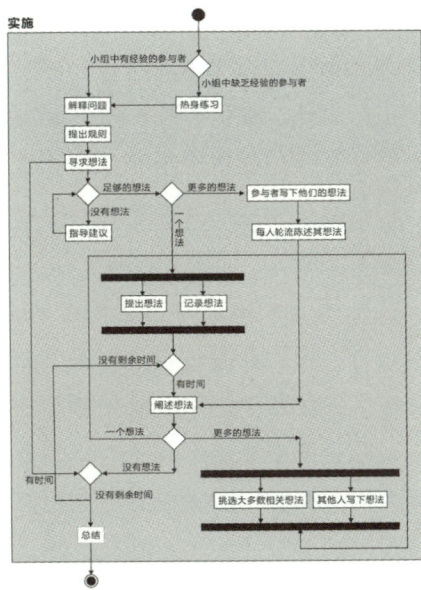

头脑风暴会议实施过程

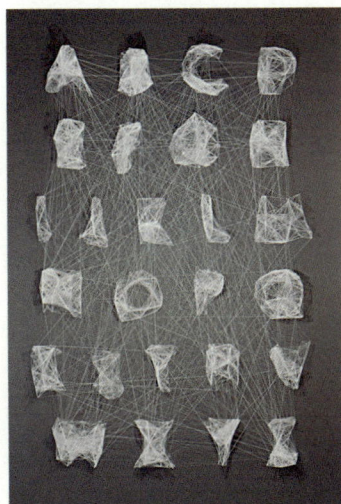

一种文字，千种姿态

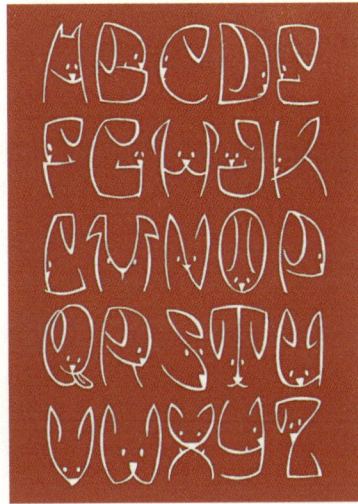

4.2.2 戈登分合法

戈登分合法，是戈登（Gordon）于1961年在《分合法：创造能力的发展》（Synectics：the development of creativity）一书中指出的一套团体问题解决的方法。此法主要是将原本不相同亦无关联的元素加以整合，产生新的意念、面貌。分合法利用模拟与隐喻的作用，协助思考者分析问题以产生各种不同的观点。

戈登的分合法将过去所认为神秘的创造过程，用简单的话语归纳为两种心理运作的过程：一是，使熟悉的事物变得新奇（由合而分）；二是，使新奇的事物变得熟悉（由分而合）。

所谓"使熟悉的事物变得新奇"，也就是熟悉的事物陌生化，这一过程在使学生对某种熟悉的事物，用新颖而富有创意的观点，去重新了解旧问题、旧事物、旧观念，以产生学习的兴趣。

所谓"使新奇的事物变得熟悉"，也就是熟悉陌生的事物，这一过程，主要在增进学生对不同新奇事物的理解，使不同的材料主观化。大部分的学生对于陌生事物的学习，多少都会有些压力。所以，面对陌生的事物或新观念时，教师可经由学生熟悉的概念来了解。通常可以用两种方式来熟悉陌生的事物。其一是分析法，先把陌生的事物尽可能划分成许多小部分，然后就每个小部分加以研究。第二个方法是利用类推，即对陌生的事物加以类推。例如，可问学生："这个像什么呢？""它像你所知道的哪一样东西呢？"

戈登的分合法，主要是运用类推（analogies）和譬喻（metaphors）的技术来协助学生分析问题，并形成相异的观点。

"譬喻"的功能是使事物之间或事物教材之间形成"概念距离"（conceptual distance），以激发学生的"新思"。例如，问学生"如果教室像影院"，提供新颖的譬喻架构，让学生以新的途径去思维所熟悉的事物。

相反的，我们也可以让学生以旧有的方式，去思索新的主题，例如，以人体去比拟交通运输系统。譬喻的活动可将某种观念，从熟悉的教材串连到新教材，或以新观点去分析熟悉的教材。透过此种"概念距离"的形成，学生能自由任意地思索其日常生活中的活动或经验，发挥想象力及领悟力。

戈登提出以下4种类推的方法：

1. 狂想类推（fantacy analogy）

这种方法是让学生考虑解决问题的途径，尽可能以不寻常的思路，去考虑或尽可能牵强附会。

例如，开始时，教师问学生："将球场上笨重的石块搬走，最理想的方式是什么？"学生运用"狂想类推"，提出下列解答："用大气球把它搬走"、"用大象搬它"、"用好多的小蚂蚁将它搬动"等。在学生产生各种不同的狂想观念之后，教师再引导学生回到"观点"的实际分析和评价，然后决定何种方式为最有效的途径。

"狂想类推"通常的句型是"假如……就会……"或"请尽量列举……"。作答者可利用辐射思维或"狂想类推"尽情思索。它是一种最常用的类推形式，当然有时在答案中也掺杂下列三种类推。

2. 直接类推（direct analogy）

这是将两种不同的事物，彼此加以譬喻或类推，借以触类旁通，举一反三。运用此种策略，要求学生找出与实际生活情境相类同的问题情境，或直接比较相类似的事实、知识或技术。例如，将电话比拟听觉系统的构造，电脑比拟人脑的构造；很多自动控制系统，往往是人体系统的翻版。

"直接类推"主要是简单地比较两种事物或概念。它的作用在于将真正的问题情境或主题的要件，转换到另一问题情境或主题，以便对问题情境或主题产生新观念。在譬喻时，可利用人、植物、动物、非生物等去进行辨认作用。

"狂想类推"与"直接类推"的不同，在于前者纯属幻觉虚构，是不依事实而捏造的，是空想幻想的；而后者必须有与问题相类同的实际生活情境。

3. 拟人类推（personal analogy）

其意为将事物"拟人化"或"人性化"，例如，行政组织的观念，一个好的组织要像人的器官或细胞，各有所司，但每一器官或细胞都是健全的。行政作业之运作如身心之功能，以心使臂，以臂使指，互相协调，相互配合，方不致互为阻滞；行政机构如人体器官之运作，必可得最大效率。如挖土机是模仿人的手臂动作做成的。

在教学上，首先要使学生感受到，他是问题情境中的一个要素。所强调的是"同理心的涉入"（empathetic involvement）。例如，学生自问道："假如我是校园内的秋千，我想跑到校园的另一角落，该怎么办？""好吧！我要跳上去，抓住树干，然后向上抛，就可以抛到我想去的地方。"

4. 符号类推（symbolic analogy）

这是运用符号象征化的类推，例如诗词的表达，利用一些字词，可以引申或解析某一较高层次的意境或观念。又如设计有独特风格的建筑物等皆是。

符号的类推是一种"直指人心，立即了悟"的作用。例如我们看到了一座"纪念堂"的建筑，立即可感受到庄严、雄伟的气势；看到一些交通标志，立即可联想到一些规定。

核桃盒子

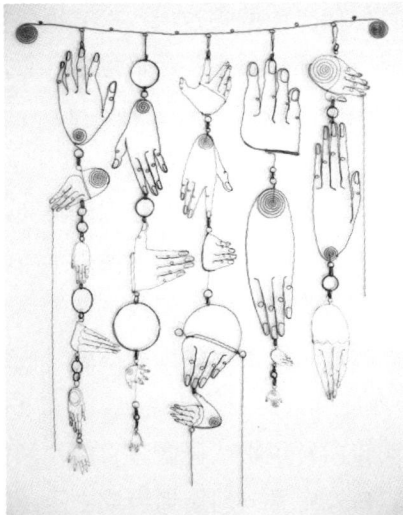

大手拉小手，生动而又丰富

人民英雄纪念碑

一目了然的交通标识

4.2.3 聚散法

聚散法，其实就是组合创新。目前，大多数创新的成果都是通过采用这种方法取得的。

聚散法的表现形式主要有以下几种：

1. 功能聚散

功能聚散就是把不同物品的不同功能、不同用途组合到一个新的物品上，使之具有多种功能和用途。比如，按摩椅就是按摩功能和椅子功能的结合体，具有计算功能的闹钟也是一种新的组合。

2. 意义聚散

这种组合功能不变，但组合之后赋予了新的意义。比如，在文化衫上印上旅游景点的标志和名字，就变成了具有纪念意义的旅游商品。同样，一本著作有了作者的亲笔签名，其意义也会不同。

3. 构造聚散

把两种东西组合在一起，它便有了新的结构并带来新的实用功能。比如，房车就是房屋与汽车的组合，它不仅可以作为交通工具，还可以作为居住的场所，电脑桌也是一种构造组合的结果。

4. 成分聚散

两种物品成分不相同，组合在一起后，就构成了一种新的产品。比如，柠檬和红茶组合在一起，就开发出了柠檬茶。调酒师调制鸡尾酒采用的也是一种不同的成分组合。

5. 原理聚散

把原理相同的两种物品组合在一起，产生一种新产品。比如，将几个相同的衣服架组合在一起，就可构成一个多层挂衣架，以分别挂上衣和裤子，从而达到充分利用衣柜空间的目的。

书架/参差不齐，大满足

6. 材料聚散

不同材料组合在一起，不仅可以改善原物品功能，还能带来新的经济效益。比如，现在电力工业使用的远距离电缆，其芯用铁制造，而外层则用铜制造，由两种材料组合制成的新电缆，不仅保持了原有材料的优点（铜的导电性能好，铁硬不下垂），还大大降低了输电成本。

4.2.4 多元思考法

多元思考法，就是每件事情不要期待只有一种答案，而应多方面思考，创造复数的解决可能性。习惯多元思考法的人，不论面对任何问题都能从不同角度与观点分析，即使再大的难题，也能找出解决办法。反之，欠缺多元思考能力的人，遇到不曾见过的状况，就很容易原地打转。培养多元思考能力的办法：

书架设计/请看书吧

1. 提醒自己不可思想麻痹

有个童话故事，主角是一只青蛙。这只青蛙不小心掉进火炉上的锅子中，因为水温20℃，青蛙觉得很舒服。但慢慢地水温提高，30℃、40℃渐渐升上去。然而，因为水温变化缓慢，虽然觉得越来越热，已经习惯了的青蛙却懒得跳出来。结果，这只青蛙最后被煮熟了。

书架的趣味设计/搬得好辛苦

我们的工作与生活，其实也有类似状况。一旦适应了，即使环境恶化，也会认为"只要忍一忍就好"。久而久之感觉麻痹，等到问题严重到不可收拾的程度，就已回天乏术。这种情况常出现在企业界。

原本有盈余的企业不小心出现赤字，有的立刻奋发图强，摆脱赤字。另外有的可能觉得慢慢来没关系，久了就变成习惯赤字。这类公司，通常最后只有一条路可走，也就是破产、倒闭。所以，工作出现警讯时，你必须严格提醒自己，绝对不可变成"被煮熟的青蛙"。

2. 从不同立场进行思考

一般人其实都有相当固定的思考模式。但事情一固定，就会顾此失彼，失去多元创意的弹性。想要锻炼多元思考能力，必须抛弃过去习惯，换个角度重新思考，这是最根本步骤。如果你是上班族，则不妨用上司、顾客或者同行竞争者的立场，重新思考问题。此时你会发现，自己原先某些观念是错误的，必须修正。

3. 养成边写边思考的习惯

有好想法、好点子时随时记录下来，也是培养多元思考能力的有效方法。只在脑袋中想象，思考容易偏差、窄化。写下来则可让自己更容易掌握整体图像，发现缺点与不足之处。此外，开始收集情报之际，不妨事先准备存储设备，一有东西进来就输入。如此不仅能防范遗漏，还可迅速地将资料体系化。

4.2.5 网格扩张法（Mapping法）

网格扩张法（Mapping法），又叫做思维导图、心智地图、心像图、心智图、Mind Map、Mind mapping、可以视之为一个树状图或分类图。不要一行行地作记录，而是画脑图。用树状结构和图像辅以颜色、符号、类型和关联来画脑图。脑图法，是由托尼·布赞发明的一种方法。在他杰出的新著《脑图之书—发散性思维》（The Mind Map Book—Radiant Thinking）里，有对这种方法很好的介绍。

1. 脑图有两种：联想脑图与分类分层脑图

（1）联想脑图

1）联想脑图的定义：联想脑图用来做事物联想的记忆图。用树状结构和图像再辅以颜色、符号、类型和关联来画脑图。联想脑图与分类分层的脑图不同，它是用来作思考联想用的。

2）联想脑图的特点：①建立联想中心主题，使思考不致离题；②帮助大脑作联想，并记录下来；③帮助思考和决策。

（2）分类分层脑图

1）分类分层脑图的定义：用来把知识分门别类的脑图，可以把事物做成分门别类的记录。

2）分类分层脑图的特点：①代替传统的笔记方式（如代替上课笔记）；②在大脑中建立整体架构；③分类可帮助记忆和学习（分类

记忆法）。

2. 脑图的制作方法

（1）工具方面，只要可画图之纸张（一般A4或B4纸）及方便使用之颜色笔即可；若使用计算机，这也是一种极方便的工具。

（2）一开始就把主题摆在中央。向外扩张分支，近中央的分支较粗，相关的主题可用箭头号连接。在纸的中央，从主题开始，最好用一个符号，然后画出从主题上分散出来的分支。如果你将纽约市进行脑图呈现，就将自由女神像作为中心。如果你在悉尼，就用港口大桥作为中心点。

（3）使用"关键词"表达各分支的内容——脑图目的是要把握事实的精粹，方便记忆，所以不要把完整的句子写在分支上。

（4）将相关的内容放到同一分支上，每一内容如新的亚分支那样分散开来。使用符号、颜色、文字、图画和其他形象表达内容。图像越生动活泼越好。

（5）建立自己的风格——脑图并不是艺术品，所绘画的帮助你记忆，才是最有意义的事。

（6）你完成每一分支后，用不同色彩的框将其框上。

3. 网格扩张法的12项原则

（1）通感（Synaesthesia）

把要记忆的事物伴随着视觉、听觉、嗅觉、味觉、触觉，让您充分感受到那"东西"活生生地出现在您的脑海。

（2）动作（Movement）

动作是生命力的源泉，也容易引起大脑的兴趣。

（3）联想（Association）

依据事物的关联性联结在一起，循着蛛丝马迹的线索不但容易记忆，且数量惊人。

（4）性感（Sexuality）

大自然生命的延续靠的就是这个，以健康的心态，将它与事物连接在一起，有助引起兴趣，记忆当然深刻。

（5）幽默（Humor）

幽默有助于心情的放松，许多脑力潜能开发的书籍都强调脑波在α波时学习最有效率。轻松幽默时，脑波很容易进入α波状态。

（6）图像（Imagination）

多年不见的朋友，您或许已忘了他的名字，但长相特点您八成都还记得。因此，将事物图像化能让您保有长期的记忆。

（7）量化（Number）

让您清楚知识事物的数量。您还记得吗？小时候，父母要我们到商店买东西时，最后都不忘再叮咛一句："总共是6样东西，别忘了!"

（8）符号（Symbolism）

特殊符号能凸显重点所在，强化记忆，这方法您是否从小读书时就懂得应用？

（9）色彩（Color）

色彩不但能凸显重点所在，并能表达情绪。同时越与实际生活接近的事物，越容易被头脑接受。您的世界是彩色还是黑白？

（10）顺序（Order）

按照顺序的先后排列，有助于连接的贯穿。

（11）积极（Positive）

积极向上、活泼开朗的心态，对事物产生浓厚的兴趣，正是成功人士的特点之一。

（12）夸张（Exaggeration）

夸张能带来幽默的效果，并使事物特征凸显，在脑海里留下深刻印象。

4.2.6 超前思维法

超前思维法，是指人类思维活动中面向未来所进行的思维活动，是人通过大脑对事物发展的趋势或未来的大致情形进行推断和估计，是对未来的一种瞻望。在社会发展的许多领域中，超前思维作出了卓著的贡献。超前思维是一种以将来可能出现的情况而对现实进行弹性调整的思维。

1. 超前思维的作用

（1）超前思维可以对创造前景进行预测性的思考。马克思曾经说过："蜘蛛的活动与织工的活动相似，但是最蹩脚的建筑师从一开始就比最灵巧的蜜蜂高明的地方，是他在用蜂蜡建筑蜂房以前，已经在自己头脑中把它建成了。"这就是超前思维的作用，也是人的高明之处。

（2）超前思维可以帮助我们调整现实事物的发展方向。以卫星发射为例，对现有的发射技术、发射系统进行调整，加强与国外的联系，争取获得更多的发射机会，既可以扩大我们的影响，又可以通过发射来达到"自我造血"的目的。

（3）超前思维可以帮助我们制定正确的计划、目标，实施正确的决策。超前思维不一定都正确。如果正确，它就为我们实施正确的决策提供了依据和保证。日本学者对100年后的世界进行了预测，他们认为，100年后将出现星际载人飞行；交通工具将成为"游玩的媒介"；非矿物能源比重将大大增加；技术的发展使得人们可以更为自由地发挥自己的创造力。如果这些预测正确，那么它就具有重要的参考价值，可以为我们制定设计方案提供参考。

2. 超前思维的培养和训练

首先，要学会从客观事实中找规律。我国著名地质学家李四光根据自己的经验和科学的理论判断，他认为中国绝不会是一个无油国或贫油国，他根据"地质力学原理"预言了新华夏结构体系里蕴藏着大量石油，他的这个超前论断后来被地层开掘所证实，经过数代人的努力，中国逐步实现了石油自给。

其次，要通过想象来促进超前思维，实现我们想创造的事物。被人们称为"能想象出半个世纪甚至一个世纪以后才能出现的最惊人的科学成就的预言家"凡尔纳，他是19世纪法国著名的科幻作家，他曾幻想过的电视、直升飞机、潜水艇、导弹、坦克、霓虹灯等，在20世纪都已变成了现实。1949年，英国科幻小说家乔治·奥维尔在他的科幻小说《1984年》中，曾经预测了137项发明，时过30年后，其中的80项已成为现实。

再次，要善于运用逻辑推理的技巧。1794年深秋，拿破仑的老师、法军统帅夏尔·皮格柳率领大军进攻荷兰的乌得勒支城。荷军打开了各条运河的闸门，利用洪水来阻止法军的进攻。法军没有办法，只得准备撤军。正在此时，皮格柳看到树上蜘蛛正在大量吐丝结网，他马上命令准备进军攻城。果然，后来法军攻下了乌得勒支城。难道这是天助法军吗？既是也不是。原来皮格柳从蜘蛛的异常中捕捉到了天气即将转寒的"征兆"：气候转寒，河水将结冰，江河封冻，部队就能踏冰攻城，正是这一系列的逻辑推理使得法军大获全胜。

4.3 信息收集与比较分析法

4.3.1 列举属性法

1. 定义

列举属性法（Attribute Listing Technique），也称特性列举法，

是美国尼布拉斯加大学的克劳福德（Robert Crawford）教授在1954年所提倡的一种著名的创意思维策略。此法强调使用者在创造的过程中观察和分析事物或问题的特性或属性，然后针对每项特性提出改良或改变的构想。通过将决策系统划分为若干个子系统（即把决策问题分解为局部小问题），并把它们的特性一一列举出来。将这些特性加以区分，划分为概念性约束、变化规律等，并研究这些特性是否可以改变，以及改变后对决策产生的影响，研究决策问题的解决方法。此法的优点是能保证对问题的所有方面全面地研究。

2. 具体操作方法

（1）将物品或事物分为下列三种属性：

1）名词属性：全体、部分、材料、制法；

2）形容词属性：性质、状态；

3）动词属性：功能。

（2）将列出的事项，按名词属性、形容词的属性及动词的属性进行整理，并考虑有没有遗漏的，如有新的要素需补充上去。

（3）接下来进行特征变换。按各个类别，利用项目中列举的性质，或者把它们改变成其他的性质，以便寻求是否有更好的有关主体的构想。

（4）针对各种属性来进行考虑后，更进一步去构想。

（5）提出新产品构想。依变换后的新特征与其他特征组合可得到新的产品或方案。

3. 具体案例

（1）如选择水壶为课题，首先列出特性（如下表），然后再对各部分进行具体的分析、提出改进方案。

水壶	名词特性	全体	水壶
		部分	壶柄、壶盖、蒸气孔、壶身、壶口、壶底
		材料	铝、铜……
	形容词特性		轻、重、大、小、灰色、银白色……
	动词特性		烧水、装水、倒水

（2）注意事项

如果列举的属性已达到一定的数量，可从下列两个方面进行整理：

1）内容重复者归为一类；

2）相互矛盾的构想统一为其中的一种。

4.3.2　类比创意法

1．定义

类比创意方法，是以两个不同事物的类比作为主导的创意方法。其特点是以大量的联想为基础，以不同事物之间的相同或类似点为纽带，充分调动想象、直觉、灵感诸功能，巧妙地借助其他事物找出创意的突破口。与联想创意方法比较，类比创意方法更具体，是更高的一个层次。类比法（包括提喻法和各种类比法等），通过两个（类）对象之间某些相同或相似来解决其中一个对象需要解决的问题。其关键是寻找恰当的类比对象，这里需要直觉、想象、灵感、潜意识等多种心理因素。

2．分类

类比法按原理可分为直接类比、拟人类比、象征类比、幻想类比、仿生类比、因果类比、对称类比和综合类比等8种。

（1）直接类比

直接类比，就是从自然界或者人为成果中直接寻找出与创意对象相类似的东西或事物，进行类比创意。

这种类比的例子，古今中外比比皆是。我国战国时期墨子制造的"竹鹊"、三国时期诸葛亮设计的"木牛流马"、唐代韩志和创造的飞行器等，都是仿生学的直接类比。鲁班发明锯子，也是从带齿的草叶把人手划破和长有齿的蝗虫板牙能咬断青草获得直接类比实现的。

听诊器的发明，也是典型的直接类比思维的产物：拉哀纳克医生很想发明一种能够诊断胸腔里健康状况的听诊设备。有一天他到公园散步，看到两个小孩在玩跷跷板，一个小孩在一头轻轻地敲翘板，还有一个小孩在另一头贴耳听，虽然敲者用力轻，可是听者却听得极清晰。他把要创造的听诊器与这一现象类比，终于获得创意设计听诊器的方案，世界上听诊器就这样诞生了。工程师布鲁内尔为解决水下施工大伤脑筋，有一次他观察到至木虫进入木材的方法。于是通过类比，他想出了用空心钢柱打入河底，以此为"构盾"，边掘进边延伸，在构盾的保护下施工，这就是著名的"构盾施工法"。这可以说是类比法的重大成果。有趣的是进化论的奠基人达尔文，在创立动植物世界优胜劣汰的自然选择理论时，竟在马尔萨斯的《人口论》一书的浏览中获得了直接类比。

（2）拟人类比

拟人类比，就是使创意对象"拟人化"，也称亲身类比、自身类比或人格类比。这种类比就是创意者使自己与创意对象的某种要素认同、一致，进入"角色"，体现问题，产生共鸣，以获得创意。拟人类比，在我国的典籍中屡见不鲜。《易经》的"天行健君子以自强不息"，就是一种天人合一、万物一理的拟人类比。文学艺术中的拟人类比更是随处可见，例如把祖国比作母亲，把美丽的姑娘比作鲜花。在物理学上，拟人类比的例子也是不胜枚举。化学家法拉第自己与电解质认同，发现了电解定律；凯库勒在梦见一条蛇咬住自己的尾巴，提出了苯分子环状结构理论。

工业设计，也经常应用拟人类比。著名的薄壳建筑罗马体育馆的设计，就是一优秀例证。设计师将体育馆的屋顶与人脑头盖骨的结构和性能进行了类比：头盖骨由数块骨片组成，形薄、体轻，但却极坚固，那么，体育馆的屋顶是否可做成头盖骨状呢？这种创意获得了巨大成功。于是薄壳建筑风行起来。

设计机械装置时，常把机械看作是人体的某一部分，进行拟人类比，从而获得意外的成效。如挖土机的设计，就是模仿人的手臂动作：它向前伸出的主杆，如人的胳臂可以上下左右自由转动；它的挖土斗，好比人的手掌，可以张开合起；装土斗边的齿形，好似人的手指，可以插入土中。挖土时，手指插入土中，再合拢、举起，移至卸土处，松开手让泥土落下。这是局部的拟人类比，各种机械手的设计也是如此。整体的拟人类比，就是各种机器人的设计。

这种拟人类比还常用于科学管理中，比如把某工厂的厂办比作人脑，把各车间比为人的四肢，把广播室比作嘴巴，把仓库比作内脏等，从而按人体的正常活动管理全厂。这样就能及早发现问题，实现协调有序的管理。

（3）象征类比

象征类比，这是一种借助事物形象或象征符号，表示某种抽象概念或情感的类比，有时也称符号类比。这种类比，可使抽象问题形象化、立体化，为创意问题的解决开辟途径。戈登说过："在象征类比中利用客体和非人格化的形象来描述问题。根据富有想象的问题来有效地利用这种类比。""这种形象虽然在技术上是不精确的，但在美学上却是令人满意的。""象征类比是直觉感知的，在无意中的联想一旦做出这种类比，它就是一个完整的形象。"

唐代大画家吴道子得意之作多半得助于象征类比。如《佛香图》线条流畅、气象万千，就是他观察曼裴将军静如处女、动如脱兔、转似游龙的剑舞而画出的。唐书法家张旭从公孙大娘健美的舞姿中深受启发，提高了他的草书艺术的创意，使其草书达到了"龙飞凤舞"的境界；王羲之从"白毛浮绿水"的白鹅戏水中，找到了"红掌拨清波"的美姿与自己的运笔姿势有关，经过象征类比，创造出新的书法技巧。

外国美术史上也不乏同样的事例。大画家米开朗琪罗受命罗马教皇以圣经故事绘制教堂壁画。他为了要用奇伟壮观的布局显示上帝创世时的景象而苦思冥想、废寝忘食，几近江郎才尽的地步，只好暂时放下工作，到深山旷野放松一下。一日清晨，暴风雨过后，云开雾散，旭日东升。他见了到两朵白云，状如勇士，从两边奔向初升的太阳，顿时大悟，立即跑回去，把所见景观作为创世纪之布局，绘成杰作。

凯库勒用"环形"表示苯分子结构；刻卜勒用"t2＝d3"表示行星运动第三定律（t为行星公转周期，d为行星到太阳的距离）；麦克斯韦用数学公式表示法拉第的电磁变化理论；马克思把"暴力"比作"孕育着新社会的旧社会的产婆"；毕加索用"鸽子"象征和平。所有这些都是用形象和符号间接地反映事物的本质。

人们建造纪念碑、纪念馆一类建筑，需要有"宏伟、庄严"之感，于是就在其高度、范围、色彩、造型等创意设计上动脑筋，以实现这种象征意义。又如，设计咖啡馆需要幽雅的格调，茶馆要有民族风格，音乐厅必须有艺术性，于是就通过具体造型、色彩、装饰等来表达这种种象征的意义。

（4）幻想类比

幻想类比，这是在创意思维中用超现实的理想、梦幻或完美的事物类比创意对象的创意思维法。戈登就该法指出："当问题在头脑中出现时，有效地做法是，想象最好的可能事物，即一个有帮助的世界，让最能满意的可能见解来引导最漂亮的可能解法。"

古代的神话、故事、童话，多是不能解决问题时产生的幻想。在科技迅猛发展的时代，人们利用幻想解决问题已成为现实。众所周知，著名科幻小说之父凡尔纳有非凡的想象力，是个幻想类比法的大师。100多年前还没有收音机，其小说中的人物却看上了电视；在莱特兄弟进行首次飞机试飞前55年，他塑造的人物已乘上直升飞机翱翔蓝天了；在他的小说中有霓虹灯、可移动的人行道、空调机、摩天大楼、坦克、电子操纵潜艇、导弹，在20世纪，这些东西都化为现实，但凡尔纳在一个多世纪前都从其笔端一一道出，多么令人难以置信，但是，凡尔纳却充满了自信，他说过："只要前人能作出科学的幻想，后人就能将它变成现实。"

人们普遍认为艺术家利用幻想类比机制较易，而科技工作者利用它则较难，因为后者常受"已知"世界秩序和形式逻辑的束缚，易屈服于传统思维习惯，闲置幻想羽翼。戈登认为科技工作者"应当而且必须给予自己和艺术家同样的自由。他必须恰当地想象关于问题的最好（幻想）解法，而暂时忽视由他的解法的结论所确定的定律。只有以这种方式他才能够构造出理想的图像"。

爱因斯坦年轻时构思相对论问题时曾想：如果以光速追随一条光线运动，会发生什么情况呢？这条光线就会像一个在空间中振荡着而停滞不前的电磁场。这正是一类幻想类比，打开了"相对论"的大门。科学中的"理想实验"，都包含着许多幻想类比因素。甚至，古今中外先进思想家关于人类社会种种"理想模式"的理想，也包含着许多幻想类比因素。

（5）因果类比

因果类比，两个事物的各属性之间可能存在着同一种因果关系。因此，可根据一个事物的因果关系，推测出另一事物的因果关系。例如，在合成树脂中加入发泡剂，得到质轻、隔热和隔声性能良好的泡沫塑料，于是有人就用这种因果关系，在水泥中加入一种发泡剂，结果发明了既质轻又隔热、隔声的气泡混凝土。这种创意技法，就称为因果类比法。

（6）对称类比

对称类比，自然界和人造物中有许多事物或东西都有对称的特点。可以通过对称类比的关系进行创意，获得人工造物，例如，物理学家狄拉克从描述自由电子运动的方程中，得出正负对称的两个能量解。一个能量解对应着电子，那么另一个能量解对应着的是什么呢？人都知道电荷正负的对称性，狄拉克从对称类比中，提出了存在正电子的对称解，结果被实践证实了。

（7）仿生类比

仿生类比，人在创意、创造活动中，常将生物的某些特性运用到创意、创造上。

如仿鸟类展翅飞翔，造出了具有机翼的飞机；同样，发现了鸟类可直接腾空起飞，不需要跑道，又发明了直升飞机；当发现蜻蜓的翅膀能承受超过其自重好多倍的重量时，就采用仿生类比，试制出超轻的高强度材料，用于航空、航海、车辆，以及房屋建筑。

（8）综合类比

综合类比，事物属性之间的关系虽然很复杂，但可以综合它们相似的特征进行类比。例如，设计一架飞机，先做一个模型放在风洞中进行模拟飞行试验，就是综合了飞机飞行中的许多特征进行类比。同样，各领域的模拟试验，如船舶模型试验、大型机械设备的模拟试验等，都是综合类比。现在盛行的各种考试前的模拟考试也是这样，先出一张试卷，其中综合了将来正式考试中可能会出现的题型、覆盖面、题量和难度，以及考生可能出现的竞技心态，使考生对正式考试各种情景有所了解，并能对自己准备的程度作出评价，然后有针对性地作好进一步应考的准备。

综上所述可知，在8种类比中，直接类比是基础，它是生活中常见的类比，在这一基础上，向仿生、拟人、象征化方向发展，就是仿生类比、拟人类比，象征类比，向对称、因果、综合方向发展，即是对称类比、因果类比、综合类比，最后，向理想、幻想、完善方向发展，就是幻想类比。这8种类比各有特点和侧重，在创意、创造活动中常常相互依存、补充、渗透和转化。

4.3.3 资料整合归纳法

1. 概述

资料整合归纳法或归纳推理，有时叫做归纳逻辑，是论证的前提支持结论，但不确保结论的推理过程。它把特性或关系归结到基于对特殊的代表（token）的有限观察的类型；或公式表达基于对反复再现的现象的模式（pattern）的有限观察的规律。

人们在归纳时往往加入自己的想法，而这恰恰帮助了人们的记忆。通过样本信息来推断总体信息的技术。要作出正确的归纳，就要从总体中选出的样本，这个样本必须足够大而且具有代表性。比如在我们买葡萄的时候就用了归纳法，我们往往先尝一尝，如果都很甜，就归纳出所有的葡萄都是很甜的，就放心地买上一大串。

2. 案例分析

使用归纳法在如下特殊的命题中：冰是冷的，在击打球杆的时候弹子球移动。推断出普遍的命题如：所有冰都是冷的，或：在太阳下没有冰。对于所有动作，都有相同和相反的重做动作。

4.3.4 分类分析法

1. 定义

分类分析法又称ABC分析、ABC分类管理法、重点管理法等。它是根据事物在技术或经济方面的主要特征，进行分类、排队，分清重点和一般，以有区别地实施管理的一种分析方法。由于它把被分析的对象分成A、B、C三类，所以称为ABC分析法。

2. 基本原理

可概括为"区别主次，分类管理"。它将管理对象分为A、B、C三类，以A类作为重点管理对象。其关键在于区别一般的多数和极其重要的少数。

3. 具体操作步骤

（1）收集数据

收集数据，即确定构成某一管理问题的因素，收集相应的特征数据。

（2）计算整理

计算整理，即对收集的数据进行加工，并按要求进行计算，包括计算特征数值、特征数值占总计特征数值的百分数、累计百分数；因素数目及其占总因素数目的百分数、累计百分数。

（3）根据一定分类标准，进行ABC分类，列出ABC分析表

各类因素的划分标准，并无严格规定。习惯上常把主要特征值的累计百分数达70%～80%的若干因素称为A类，累计百分数在10%～20%区间的若干因素称为B类，累计百分数在10%左右的若干因素称C类。

（4）绘制ABC分析图

以累计因素百分数为横坐标，累计主要特征值百分数为纵坐标，按ABC分析表所列示的对应关系，在坐标图上取点，并联结各点成曲线，即绘制成ABC分析图。除利用直角坐标绘制曲线图外，也可绘制成直方图。

4.3.5 仿生学法

1. 概述

仿生学是研究生物系统的结构和性质以为工程技术提供新的设计思想及工作原理的科学。仿生学一词是1960年由美国斯蒂尔根据拉丁文"bios"（生命方式的意思）和字尾"nlc"（"具有……的性质"

的意思）构成的。

将仿生学引入设计学，以自然界万事万物的"形"、"色"、"音"、"功能"、"结构"等为研究对象，有选择地在设计过程中应用这些特征原理进行的设计，同时结合仿生学的研究成果，为设计提供新的思想、新的原理、新的方法和新的途径。仿生设计学作为人类社会生产活动与自然界的契合点，将人类社会与自然达到了高度的统一，正逐渐成为设计创意发展过程中新的亮点。

从古至今自然界从来就是各种思想和工艺技术取之不尽、用之不竭的灵感源泉。印象画派倡导画家应走出画室，面向大自然，对着实景写生，强调描绘大自然的光与色。到了艺术与手工艺运动、装饰艺术运动，则倡导向大自然学习，以大自然的形态作为创作素材。以植物藤蔓为装饰素材。中国传统文化艺术中有"外师造化，中得心源"一说。《易经》中的八卦的卦象来自于大自然的8种基本组成物质——天、地、雷、风、水、火、山、泽。六十四卦也来源于对大自然现象的总结与抽象。中国传统纹样，如云纹、水纹，来源于对大自然中云和水的抽象。龙是中国古代图腾的综合，每个组成部分都来源于自然界中的动物（牛首、鹿角、蛇身、鱼鳞、凤爪）。

2. 仿生学提升创意思维的研究方法

（1）创造生物模型和技术模型

首先从自然中选取研究对象，然后依此对象建立各种实体模型或虚拟模型，用各种技术手段（包括材料、工艺、计算机等）对它们进行研究，作出定量的数学依据；通过对生物体和模型定性的、定量的分析，把生物体的形态、结构转化为可以利用在技术领域的抽象功能，并考虑用不同的物质材料和工艺手段创造新的形态和结构。

1）从功能出发、研究生物体结构形态——制造生物模型

找到研究对象的生物原理，通过对生物的感知，形成对生物体的感性认识。从功能出发研究生物的结构形态，在感性认识的基础上，除去无关因素，并加以简化，提出一个生物模型。对照生物原型进行定性的分析，用模型模拟生物结构原理。目的是研究生物体本身的结构原理。

2）从结构形态出发，达到抽象功能——制造技术模型

根据对生物体的分析，作出定量的数学依据，用各种技术手段（包括材料、工艺等）制造出可以在产品上进行实验的技术模型。牢牢掌握量的尺度，从具象的形态和结构中，抽象出功能原理。目的是

研究和发展技术模型本身。

（2）可行性分析与研究

建立好模型后，开始对它们进行各种可行性的分析与研究：

1）功能性分析

找到研究对象的生物原理，通过对生物的感知，形成对生物体的感性认识。从功能出发，对照生物原型进行定性的分析。

2）外部形态分析

对生物体的外部形态分析，可以是抽象的，也可以是具象的。在此过程中重点考虑的是人机工学、寓意、材料与加工工艺等方面的问题。

3）色彩分析

进行色彩的分析同时，亦要对生物的生活环境进行分析，要研究为什么是这种色彩？在这一环境下这种色彩有什么功能？

4）内部结构分析

研究生物的结构形态，在感性认识的基础上，除去无关因素，并加以简化，通过分析，找出其在设计中值得借鉴和利用的地方。

5）运动规律分析

利用现有的高科技手段，对生物体的运动规律进行研究，找出其运动的原理，针对性地解决设计工程中的问题。

当然，我们还可以就生物体的其他方面进行各种可行性分析。

4.4　质疑创意法（5W1H法）

5W1H的由来是根据英国作家吉卜林曾说的：我有六个诚实的仆人，它们教给我一切。这"六个仆人"其实是指英文单词中的"Who、What、Where、When、Why、How"。

5W1H设问原则是解决任何事情和问题时都会涉及的，熟悉和掌握5W1H原则对设计思维将会有很大启发作用。

4.4.1　Who（何人）

人是事物的主体，要解决问题首先要了解不同人的需求。每个人都有不同的知识结构、文化修养、生活背景和性格特征，其需求也各不相同。如化妆品的使用者一般以年轻的女性为主，那么在设计主体时首先应考虑年轻女性的喜好、兴趣、审美趋向及流行因素等，做到"胸有成竹"。

4.4.2 What（何事）

对准备解决的事物要充分了解才能有针对性地提出解决办法。设计师要对产品、企业、媒介、销售方式、目标对象等方面进行充分的调研与了解，才能做到"有的放矢"。

4.4.3 Where（何地）

要做到真正深入地了解一个问题，仅仅知道它"是什么"还不够，还要了解它发生的地点。比如，产品的销售地区是南方还是北方？是城市还是农村？是国内还是国际等问题。不同地区有不同的自然环境和生活习惯，在设计中也要采取不同的策略，做到"因地制宜"。

4.4.4 When（何时）

除了空间因素，还有时间因素。中国人做事讲究"天时、地利、人和"，把时间（时机）的概念放在第一位，可见在完成一件事情的过程中，时间的因素是非常重要的。同一件事情放在不同的时间可能就会改变它的性质。因此，做事情要根据情况把握时机，做到"与时俱进"。

4.4.5 Why（为何）

找出原因，追根溯源。只有对事物有充分的了解，才能够准确地提出解决办法。视觉传达就是一个提出问题、解决问题的过程，没有问题何来解决？只有了解问题的来龙去脉，解决问题才能做到"游刃有余"。

4.4.6 How（如何）

指对该问题的未来设计和发展方向，只有对以上5个方面的问题进行了充分了解和论证，才能最终完成对设计对象的策划和实施，对解决方案做到"恰如其分"的处理。

4.5 组合设计法

组合设计法，就是把两种以上的产品、功能、方法或原理糅合在一起，使之成为一种新形象的创造方法。所谓组合，就是两种或两种以上的事物结合。可以整体组合，也可以分解后组合，还可以相互组合。组合是在已知已有的原理、学科、技术、材料、产品、方法、功能、现象等基础上，按照一定的目的进行组合，形成统一的整体功能，获得新的成果，满足人们的欲望。组合不仅仅是量的变化，也是质的改变。

4.6 独创法

独创法强调个性的表现，艺术作品，如果没有独特的个性特征，则容易流于平淡、落入俗套。个性表现是艺术的生命力所在。创意思维就是要不断创新，在艺术的风格、内涵、形式、表现等诸多方面强调与众不同。不安于现状，不落于俗套，标新立异，独辟蹊径。当艺术家在创作中看到、听到、接触到某个事物的时候，尽可能地让自己的思绪向外拓展，让思维超越常规，找出与众不同的看法和思路，赋予其最新的性质和内涵，使作品从外在形式到内在意境都表现出作者独特的艺术见地。

艺术家在艺术思维中不要顺从既定的思路，要采取灵活多变的思维战术，多方位、跳跃式地从一个思维基点跳到另一个思维基点。那些遨游在思维空间的基点，代表着一个个思维的要素，多一个思维的基点，就多一条创新的思路，艺术家要从众多的思路中寻找出最新、最佳的方案。

4.7 从有法到无法

创意思维的方法有很多，我们在学习中要不断揣摩和体会，不断总结经验，将各种方法融会贯通，灵活运用，学会这些方法后，再从中跳出来，不拘泥定法，灵活运用造型形式美的规律，才能创作出好的艺术作品。

4.8 创意思维集训（四）

1. 全班同学一起运用头脑风暴法或635法，为自己的家乡进行文化旅游产品创意设计提供方案。

2. 运用戈登分合法，分析市场上现有的"哈利·波特"书籍装帧设计的优劣，进而提出改进方案。

3. 运用聚散法，创新设计日常生活中的生活用品，如杯子、椅子、茶几、沙发……

4. 运用多元思考法，思考在没有衣架的情况下，洗完衣服怎么晒？每个同学要至少准备三个方案，绘出效果图。

5. 运用Mapping法，画脑图记录学习本章任一小节的大脑思路过程。

6. 运用超前思维法，记录你所预计的下一年会出现什么，并保留自己的想法文本，在下一年取出对照。

7. 运用列举属性法，对手机的属性进行列举，进而提出改良方案。

8. 运用类比创意法，对T恤进行对比分析与联想，提出T恤设计方案。

9. 运用资料整合归纳法，分析为什么麦当劳、肯德基会成为快餐业的样本。

10. 运用仿生学法，设计一双最舒适的鞋子，绘出效果图。

11. 设计一艺术作品展示（或演出）海报，在内容中要体现5W1H的方法。

12. 用一箱苹果作为素材，可进行任意的创意组合，完成一平面设计作品。

13. 以"节"为题材设计海报，内容和形式要达到独创性。

14. 以"金融"为题设计标志、文字、海报，尽力做到把各种方法融会贯通，设计形式不拘一格。

第5章 创意思维训练营

5.1 创意思维——具象训练

5.1.1 圆

1. 训练目的

以"圆"字作为概念去搜索生活中最熟悉的形态。寻找是此次训练的重心之一，用不同的视角去寻找那些熟悉形态的陌生面孔。将找寻到的"圆"的各种原型进行思维拓展，形成新的视觉样式。借此来训练学生的寻找素材的能力和有效表达思维的能力。

2. 作业要求

以另类的视角去搜寻与"圆"的概念相吻合的素材，将素材作为思维的原点进行全新视觉样式的表达。素材数量50款，选择其中的20款进行演绎，可平面可立体。

5.1.2 手机

1. 训练目的

当下社会手机成为人们生活中关系尤为密切的物品，以手机的形式为基本依托，与社会生活方式相结合，进行发散式思维训练，培养学生"创意来自生活"的思维习惯。

2. 作业要求

将手机与生活相联系，进行创意思维表达，手法不限，做10种方案。

5.1.3 面具和内心

1. 训练目的

一般的面具是指能够遮盖全部或部分脸的覆盖物，其上开有眼孔，作为面容的伪装，供人们参与一些活动，例如戏剧、化装舞会等。面具既可以是人们内心世界的象征，又可以掩盖人们的内心世界，因此，面具是具有性格的。同学们可以根据自己的思维与想象，在面具上表现不同的性格，从而提高学生对内心表达的一种能力。

2. 作业要求

在已有的白色纸质面具模型的基础上进行创作，通过文字、图形等创作手法，来展现面具的性格，每人三件作品。

5.1.4 苹果品牌LOGO

1. 训练目的

苹果品牌LOGO深入人心，它以被咬掉一口的苹果为形体依托，在不同的场合，变换内部的色彩与图案，以承载不同的信息与内涵。以苹果品牌LOGO为例，进行思维训练，能够让学生更好地掌握在限定范围内进行创意的能力。

2. 作业要求

在苹果品牌LOGO的图形基础上进行创意，手法不限，至少10种。

5.1.5 家具的随想

1. 训练目的

家具是人们生活中必不可少的物品，大致有坐、卧、柜、架等，家具的舒适度能够对使用人影响很深。舒适的床能睡得更香、多功能的储物柜能容纳更多的物品、奇异新颖的小物件能是家中增添活跃的分子……对于家具的创新，目的是使学生能够更好地表达出自己内心的世界，根据内心的需求，去创造自己期望的家具。

2. 作业要求

3. 选择任意一款生活中的家具，根据自己的喜好对其功能以及造型进行创新。手法不限，表达清晰，每人1～2件。

5.1.6 钥匙

1. 训练目的

钥匙是开锁的工具，常被比喻成有效的方法，通过这个有效的方法，开启的便是希望之门。钥匙的形态多种多样，围绕其展开一系列的创作，重在表现钥匙的内在寓意，不仅有助于提高学生的想象能力，还能使学生们充分表达出自身的希望与梦想。

2. 作业要求

对"钥匙"进行自由创作与表现，重点是钥匙的内在寓意，而非钥匙本身，至少5种。

5.1.7 云的联想

1. 训练目的

云是千变万化的动态形象，它的呈现受赐于大自然。不同云的形态能激发人们不同的思维与联想。对云形态的思考，能够使学生在似与不似间锻炼想象力。

2. 作业要求

观察云朵的造型，对具有特殊联想意义的云进行拍摄，并用文字描述，制作成PPT文件，不少于20张照片。

5.1.8　水果！水果！

1. 训练目的

思维能量的激发从最具有亲和力的事物开始，通过对一件具体、熟悉、热爱的物体反复地感知和体验，它们会给我们带来不曾有过的认知，从熟悉到陌生，再到万花筒般的变化，从漠然到新奇，再到欣喜若狂的创造性发现，发现的过程将会是我们思维的一次蜕变。

2. 作业要求

以水果为载体做一种水果的十二般变化，作业以影像短片的方式提交。

3. 作业提示

水果的色彩、水果的形态、水果的质感和味道，观察、触摸、品尝、切割、破坏、将其置于各种环境中等，我们从这会儿开始和相中的水果如影随形吧。

4. 作业步骤

购买一种自己喜欢的水果观察、把玩、体验，将其作为创意的主体进行思考，从购买开始用影像或摄影分步的形式记录作业的过程中的关键帧。

5.1.9　建立在艺术之上——石膏像的再创作

1. 训练目的

重新审视与二次创作经典的雕塑作品，在一个既定的立体图像之上感受艺术作品传导出来的气息，与艺术品、艺术家以及现实世界的生活符号进行思维的碰撞，乾坤大挪移式的思维转换或许会让它们以及我们的思想再度闪亮。

2. 作业要求

以石膏像实物为表现媒介，对其进行二次创作，以实物的方式进行展示。

3. 作业提示

我们将其作为载体进行重新装饰或装扮，重构一个全新的视觉样式，可以用颜料粉饰填涂，可以用其他的材质进行贴图，可以结合现代的流行元素对其进行装扮。

4. 作业步骤

美术用品店选购自己钟爱的石膏一组（3个或以上）进行系列化的设计。

5.1.10　绽放的盒子

1. 训练目的

有限空间中的无限塑造。在一个由里及外的、相对简单又不乏丰富的体面中挥发创意灵感。空间的内与外的兼顾，对于视觉形式的控制力以及作品氛围把握的训练显得尤为重要。

2. 作业要求

以一件立方体的盒子作为灵感的迸发点与表现的媒介，注意空间的利用与延伸，作业以实物的形式提交。

3. 作业提示

这是一个充满想象力的空间，我们可以蜷缩其间享受个人的感受，也可以在其间挥洒自己的激情，用精神实现自己的梦想。填、涂、刻、画，光与影，其他物件参与其中，让灵感与创意在盒子之中绽放。

4. 作业步骤

自己动手制作一个盒子，纸质、木质均可，根据自己的想法选择合适的方式进行表现。

5.1.11　影像捕快

1. 训练目的

观察能力敏觉性训练，用眼力带动大脑。借助数码照相机的速度和即时评判的特性，通过大量的观察和拍摄，发现不同的视角、不同的光线、不同的外因作用下生活周遭物象的视觉样式的更新与变化。

2. 作业要求

用相机作为此次作业的主要工具，作业以看片会的形式现场观摩、集体分享。

3. 作业提示

此次的作业重在过程的体验，可以分为室内和室外两个部分进行，拍摄的内容可以包罗万象，重要的是需要有独到的眼光与颠覆的视角，关注拍摄的视角、光线、环境等因素，后期可以有电脑的参与，实现最佳的视觉效果。

4. 作业步骤

寻找富有视觉价值的拍摄对象，全心投入地用相机去记录不寻常的影像。

5.2 创意思维——抽象训练

5.2.1 发现

1. 训练目的

发现是指经过人的感觉器官看到或感到的以前不曾被感受到的事物和现象。通过发现，来搜索生活中、学习中不同寻常且有趣味的事和物，使得学生始终保持一颗好奇的心去观察生活，从生活中寻找大量的创意来源。

2. 作业要求

将文字、图片进行整合，以PPT的形式进行汇报，每人30个页面。

3. 作业提示

仔细观察生活中客观存在但不被重视的事物；注意身边每天发生的事情；在学习与生活中，始终保持一种好奇心态。

4. 作业步骤

搜集大量的"发现"，将其归类整合，制作成PPT文件，同时注意版面的表达方式。

5.2.2 我

1. 训练目的

凡人自称"我"都是因为拥有我的思维能力，是我局部意识的闪现，是在体验我的创造过程。"我"既是具体的，又是抽象的。通过对"我"的思考与联想，并将属于自己的"我"以自由的形式表达出来，能够使学生的思维进入到抽象思维的模式，从对自身的理解中寻找创意突破点。

2. 作业要求

以平面、空间或者行为来表现"我"，手法不限，至少10种。

3. 作业提示

我的特点（身份、长相、行为、声音等）；我的心理、我的思考、我的环境，以及通过其他事物或人所体现出的"我"。

4. 作业步骤

首先，充分地认识自我，将所能想到的"我"进行罗列。

其次，进行分析与判断，找出最能体现"我"的概念。

最后，对筛选过的概念进行二次联想，以找到相应的表达方式。

5.2.3　家

1. 训练目的

"家"，甲骨文字形，上面是"宀"（mián），表示与室家有关，下面是"豕"，即猪。古代生产力低下，人们多在屋子里养猪，所以房子里有猪就成了人家的标志。随着时间的改变，人们的思想能力不断提高，"家"已经从最原始的含义拓展到了抽象的概念，它表现了一种氛围、一种关系、一种我们最贴近的生活。通过该项训练，能够使学生的思维进行转换，将简单的意念深入地理解，以提高其思维能力。

2. 作业要求

以平面、空间或者行为来表现"家"，手法不限，至少10种。

3. 作业提示

家居处所：例如家里、家宅、家中等；

家庭：例如持家、安家、家第、家族、家业等；

夫或妻：家婆（家主婆、当家婆）、家公（丈夫）；

学术或艺术流派：专家、艺术家；

民族（nation）：如苗家、侗家、傣家；

都城：国家、宫室、礼仪。

4. 作业步骤

首先，通过思考或者资料查询，找出生活中所能体现的"家"的概念。将所有概念分类整理（例如提示中所列）；

其次，选出有代表性的分类以及词语，进行思考的深化；

最后，开始思维的转变，将文字的"家"以不同的形式表现出来。

5.2.4　矛盾

1. 训练目的

相信每个人都知道自相矛盾这个故事，它比喻了言语行为自相抵触。在马克思主义哲学中则体现为事物之间与事物自身包含的既对立又统一的关系。矛盾对立双方是不可分割的，并存在于一切事物当中。那么我们便可以通过对生活细微的观察，来体会事物中的"矛盾"。

2. 作业要求

以平面、空间或者行为来表现"矛盾"，手法不限，至少10种。

3. 作业提示

双方、对立、统一、抵触、和谐……

通过以上这些词来体会事物间的矛盾关系。

4. 作业步骤

首先，掌握矛盾的内涵，深刻理解矛盾关系；

其次，将自己所观所感的与矛盾有关的事或物表现出来。

5.2.5 时间

1. 训练目的

时间指物质运动过程的持续性、间隔性和顺序性。它是随着宇宙的变化而变化的，是无形、无声、无味的一种发生过程。时间与我们的生活密不可分，去表现一种既看不到，又摸不到的东西，正是培养抽象思维最有效的手段。

2. 作业要求

以平面、空间或者行为来表现"时间"，手法不限，至少10种。

3. 作业提示

时间可以借助有形的实体来体现，也可以通过无形的过程来体现；时间可以定格，时间可以变化；时间无时无刻地存在于我们身边，我们身边每一个事物都能体现出时间的特性。

4. 作业步骤

首先，深刻理解时间的持续性、间隔性和顺序性；

其次，从简单的实体表现到抽象的过程表达，循序渐进。

5.2.6 抽字

1. 训练目的

"抽字"顾名思义，抽取汉字或是抽取汉字的某个部分。汉字属于表意文字，是上古时代华夏族人发明创制并改进的。六书是汉字组字的基本原理：象形、指事、会意、形声、转注、假借。前两项为"造字法"，中两项为"组字法"，后两项为"用字法"。根据这些原理我们不难发现，每个汉字不论从其形态上，还是其表达的内容上都蕴含了丰富的内容。通过对汉字进行"抽字"的训练，培养学生对古老汉字的理解能力，以及字与意的彼此联系。

2. 作业要求

每个学生找出15个汉字，对字进行不同的抽取，使其呈现出不同的内容和寓意。

3. 作业提示

例如："大"字，去掉"一"便成为"人"字，那么从"大"到"人"，内容有着不同的含义，而转换过程又有着必然的联系。这种内容与含义就是学生们要研习的。

4. 作业步骤

首先，选取一些汉字（简体、繁体均可，不同的字体形式）；

其次，将汉字逐步抽减，以形成具有不同内容含义的字；

最后，将这些抽减的过程整合，总结出字与字间的联系。

5.2.7 偏旁字母

1. 训练目的

偏旁是组成汉字的必要结构，字母是组成英文的必须元素，两者的结合可以呈现出与众不同的效果，即运用汉字的偏旁部首，进行字母化的形象处理，最终将形象化的字母，以英文的组织方式组织起来。这项训练不仅可以让学生轻松地从文字角度来了解东西文化，而且还能锻炼学生的想象力，将中西文字很好地结合。

2. 作业要求

将汉字进行字母化处理，以一种全新的方式来展现英文字母表。

同时，将其中的字母组合成4~5个英文词。

3. 作业提示

"口"字母化成"O"，"飞"字母化成"E"等；或者结合不同的字体形态进行变形处理。

4. 作业步骤

首先，充分了解汉字的各个偏旁部首以及英文字母的特征形态；

其次，将相关或相似的汉字与字母加以处理，在不失去双方各自特性的基础上进行变形；

再次，整合出一套由汉字变形处理形成的字母表；

最后，将字母组合成英文词。

5.2.8 阅读方式的探索

1. 训练目的

阅读一般是指从书面材料获取信息的过程。从传统角度讲，阅读就是读书、读报、读杂志等，随着时代的发展，信息传达的方式多种多样，阅读的方式也随之改变，看电视、上网都可以称之为阅读。阅读的方式就是一种获取信息的方式，通过学生的联想，去发现和创造更多的阅读方式，有助于学生提升设计的视野，获取更多的资源。

2. 作业要求

发现、创造新的阅读方式，以文本或图片的形式表达，至少3种方式。

3. 作业提示

生活中各种获取信息的途径与方式；新媒体技术展现的效果；目前阅读存在的问题，以及如何改进。

4. 作业步骤

首先，观察生活，了解科技；

其次，搜集现有的阅读方式；

最后，努力发现一些新的阅读方式，或者创新阅读方式。

5.2.9 三分之一

1. 训练目的

三分之一，有三有一，三个关联的事物中的一个事物。根据"三分之一"的概念进行想象，让学生从数字角度去寻找、发现生活中的事物，同时将生活中的事物数字化处理，培养学生创意思维中的数字创意思维，同时锻炼学生的理性思维和逻辑思维。

2. 作业要求

将"三分之一"概念进行图形表达，完成10个图形设计方案。

3. 作业提示

我们的生活中有很多事物与三有关：三角形、一家三口、祖孙三代、飞儿乐团、上中下、三级跳、二郎神三只眼等；

三有"多"的意思：飞流直下三千尺、卷我屋上三重茅等都表示多；

三分之一则要突出其中之一。

4. 作业步骤

首先，开动大脑，联想各种与三有关的词语；

其次，将词语进行筛选，将能够突出三分之一概念的词语进行深入思考；

最后，用图形的方式将"三分之一"概念表现出来。

5.2.10 速度

1. 训练目的

速度是物理量词，在中学课程中被定义为：位移和发生位移所用时间的比值。速度是能被感知的。一个人在奔跑，我们能够感受到速度；科技的发展、物品的更新换代，我们同样能够感受到速度。速度没有形态，只是一种量、一种感受。对速度的表达，能够很好地锻炼学生的抽象思维能力。

2. 作业要求

以平面或空间的形式表达"速度"，手法不限，至少5种方案。

3. 作业提示

快与慢、新与旧、成长、网络等，我们都能感受到速度。

4. 作业步骤

首先，寻找与速度相关的事和物；

其次，用适当的手段将体现了"速度"的事和物表达出来。

5.2.11　"丝绸之路"的联想

1. 训练目的

"丝绸之路"起于汉兴于唐，是古代中国与西方沟通关系的纽带，兼具东西方的文化于一体，其中的一块砖瓦，一个柱头，都能成为丝绸之路的符号而代表着那一段历史。将这些符号元素重新组合，构成新的图案形式，旨在培养学生结合历史与传统文化展开创意思维的能力，同时还能培养学生对于传统符号表现与创新的能力。

2. 作业要求

以图案或三维造型的形式进行表现，不少于5件。

3. 作业提示

"丝绸之路"的地域范围：当地的建筑、物品、地理环境等；

"丝绸之路"的时代特征：生活习俗、文化等。

4. 作业步骤

首先，通过查询资料，找出与丝绸之路相关的物（文字、图形、建筑、服装、习俗、工艺品等）；

其次，将这些物品进行提炼，使其成为具有代表性的形象元素；

最后，重组各元素，升华处理，形成新的符号元素的表达方式。

5.2.12　爱

1. 训练目的

"爱"是世界上最美丽的字，是一种发自内心的情感。每个人都对此字充满了个人的遐想和不同的个人理解。对于"爱"的创意训练，不仅能够让学生认识爱、感受爱，还能让学生去传播爱。

2. 作业要求

以"爱"为基础进行图形创意表达，手法不限，至少10件。

3. 作业提示

爱情、友爱、热爱、爱护、博爱、爱心等都是"爱"的体现；

"爱"还体现在关怀、帮助、团结、真善美等方面。

4. 作业步骤

首先，对爱进行概括与总结；

其次，以图形的方式将"爱"表现出来。

5.2.13 奋斗

1. 训练目的

现今社会"奋斗"是每个人必须掌握的基本生存态度，依据对这个词语本身的理解，用具象的形式将其表达出来。通过该项训练，使学生对于生活态度有更好的把握，并从生活中去发掘创意的源泉。

2. 作业要求

以照片或图片的形式表达，至少10件。

3. 作业提示

通过生活中各种获取信息的途径来寻找奋斗的方式、奋斗的动力，积极结合社会实践，来感受年轻人的奋斗思想。

4. 作业步骤

首先，充分感受奋斗的心态，发掘奋斗的经历，将其记录下来；

其次，用摄影或绘图的方式去表达自己感受到的"奋斗"精神。

5.2.14 九点一刻

1. 训练目的

九点一刻一般情况下是大家都聚集在课堂中逐渐寻找自己该干些什么的时间，当遇到这道题目的时候，大家可能会在期待这一具体时间的到来，用抽象的视觉语言表现九点一刻那一刻的情绪，在一个具体的时间点大家即时体会自己的情绪并能准确地表现。

2. 作业要求

根据情绪制作海报一幅，手绘、电脑制作均可，每件作品附上创作草图，A4幅面。

3. 作业提示

仔细体会那一个时间段的情绪，寻找准确的视觉形式表达，视觉语言选择抽象，可以参照现代艺术中的抽象绘画和其他抽象艺术作品。

4. 作业步骤

让那个时间定格在你的纸面上，先可以用文字的形式剖析当下的状态，再寻找抽象视觉语义进行转换。

5.2.15　红

1. 训练目的

根据"红"这一色彩概念进行形与色之间的契合性训练，提高思维的敏觉度。将红的色彩感觉和各种物品发生关联，物体的选择以及红色参与物体之后带来的视觉上、心理上的变化是体会的重点。

2. 作业要求

将自己选择的物品进行红色变色的视觉处理，提交实物以及物品变色前的照片。

3. 作业提示

色彩变化后的物品视觉上的颠覆感与认同感是作业表达的重点，色彩附着的方式要因选择的物体而定，喷、染、刷、画、贴纸、蒙布等。

4. 作业步骤

选择一件或一组与红色有缘分的物品，用红色染料、颜料或油漆、红布、红纸或其他进行色彩转换，形成个性化的表达。

5.2.16　盛

1. 训练目的

概念的认同与颠覆的关联性思维练习。将盛（cheng）这一概念进行泛化，寻找具有"盛"这一概念的事物，进行类比思维的训练，用以拓宽一种概念的多思维路径的思维方法进行训练。

2. 作业要求

用图形的方式完成50款与之相关的创意，手绘、电脑制作均可。

3. 作业提示

仔细琢磨盛的概念以及引申的含义，尝试多种视觉语言的表达。

4. 作业步骤

利用大脑风暴的方式进行海量的相关信息的搜寻，如手机内存卡、地和天的关系、大脑、温度计等与盛有关的事物或概念，整理有效的信息进行图形化的表现。

5.2.17　增加

1. 训练目的

以立方体、球体、三角体作为训练的基底，选择其中一种基本形态做加法练习，训练学生基本的空间创意思维，建立三维创意意识。

2. 作业要求

在立方体、球体、三角体中任选一种形态，以此形态为基底做10款加法练习方案。

3. 作业提示

在选择的形态上做任意的加法，以改变其基本形态，可以安装现成品物件，可以继续利用基本形进行累加衍生，可以是对其进行不同方式的包裹，尝试多种方式的三维形式表达。

4. 作业步骤

直接购买石膏几何体或用硬纸板造好模型作为基底，在此基础上进行思维发散，先画草图，完善后实施在立体形态上。

5.2.18 削减

1. 训练目的

以立方体、球体、三角体作为训练的基底，在既有形态上做削减练习，训练学生基本的空间创意思维，建立三维创意意识。

2. 作业要求

在立方体、球体、三角体中任选一种形态，以此形态为基底做10款削减练习方案。

3. 作业提示

在选择的形态上做任意的减法，以改变和丰富其基本形态，可以在一处作削减，也可以在多处进行削减设计，削减的形态可以是具象形也可以是抽象形，必要的话还可以有色彩的参与。

4. 作业步骤

用油泥造好模型作为基底，也可以用模型板进行造型，先画草图方案，完善后实施完成，注意形态的完整性与形式的独特性。

第6章 创意思维的设计应用

6.1 创意思维与视觉设计

6.1.1 视觉设计的定义及类型

视觉设计是针对眼睛功能的主观形式的表现手段和结果。视觉传达设计属于视觉设计的一部分，主要针对被传达对象即受众而表现，缺少对设计者自身视觉需求因素的诉求。视觉传达设计是通过视觉媒介表现并传达给受众的设计。视觉传达既传达给视觉受众，也传达给设计者本人，因此视觉传达研究关系到视觉的方方面面的感受，称其为视觉设计更加贴切。

视觉传达设计（Visual Communication Design）是指利用视觉符号来传递各种信息的设计。设计师是信息的发送者，传达对象是信息的接受者。

视觉传达设计是通过视觉媒介表现并传达给观众的设计。体现着设计的时代特征和丰富的内涵，其领域随着科技的进步、新能源的出现和产品材料的开发应用而不断扩大，并与其他领域相互交叉，逐渐形成一个与其他视觉媒介关联并相互协作的设计新领域。其内容包括：印刷设计、书籍设计、展示设计、影像设计、视觉环境设计（即公共生活空间的标志及公共环境的色彩设计）等。

视觉传达设计还是要为现代商业服务。这里主要包括标志设计、广告设计、包装设计、店内外环境设计、企业形象设计等方面，它起着沟通企业—商品—消费者桥梁的作用。视觉传达设计主要以文字、图形、色彩为基本要素的视觉创作，在精神文化领域以其独特的艺术魅力影响着人们的感情和观念，在人们的日常生活中起着十分重要的作用。

6.1.2 创意思维与视觉设计的关系

创意思维是视觉设计的核心灵魂，而视觉设计是创意思维的表达形式。创意思维与视觉设计相辅相成、密不可分。在视觉设计中，主观理性的图形与客观真实的图形需要相互融合并构，视觉设

"种族主义"海报/莱克斯·德文斯基（波兰）/正负形在一个特定的空间内，白色的脚底下踩着的黑色的人脸，种族关系清晰可见，创意直指核心

计的表现突破是提升图形视觉传达强度的关键，需要跳出传统的习惯思维，注入创新的设计理念和创意思维，研究接受者的感知心理，创造耳目一新的视觉效果，以便更好地增强图形语言的视觉感受力与信息传达效率。

运用视觉设计来表述创意思维，让信息的沟通清晰而顺畅，合理地运用视觉语言找到合适的切入点来构思设计，同时运用精彩的视觉效果来表达创意思维。这就是创意思维与视觉设计相互建构彼此的过程。好的创意离不开优良的视觉呈现，好的设计背后一定有优秀的创意支撑。创意思维能力是整体思维能力的重要组成部分，是构架良好思维品质的重要支柱。它不仅带来新的具有社会意义的成果，同时也是人类智慧水平高度发展的产物，只有创意思维与视觉设计的相互协作才能创造出设计精品。

6.1.3 视觉设计应用举例

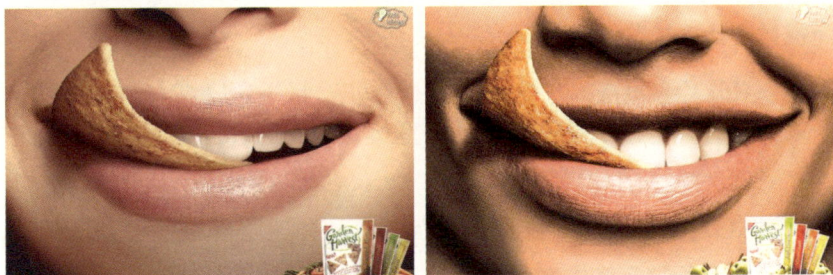

Garden Harvest薯片广告/画面巧妙地将薯片的形状与舌头置换，幽默的风格体现了食品宣传广告追捧的娱乐性

包装设计/将鸡蛋装在鸡窝里，主意不错，亲切又有安全感的设计

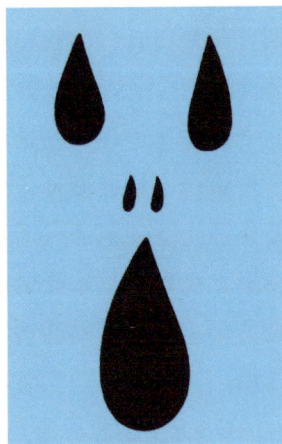

"水为人类"海报/MASVTERU AOBA（日本）借用拟人化的表现手法，将水滴的外形组合成一张惊悚呐喊的面孔，预示水资源的匮乏对全人类生存的重大威胁

6.2　创意思维与空间设计

6.2.1　空间设计的定义及类型

空间设计是四维时空造型设计，以对空间整体形象的氛围体现进行创作，是人体感官全方位综合接受美感的设计项目。在空间设计中，从平面到空间是将设计意念从概念向方案转化的技术表达环节，即"立象以尽意"。空间的功能包括物质功能和精神功能。物质功能包括使用要求，如空间的面积、大小、形状，适合的家具、设备布置，要求使用方便、空间合理，要有交通组织、疏散、消防、安全等措施，并要创造良好的采光、照明、通风、隔声、隔热等物理环境。物质功能体现于人的体位运动尺度系统和物理的环境系统。精神功能是在物质功能的基础上，在满足物质需要的同时，从人的文化、心理需求出发，特别是建筑空间形象的美感。就设计对象的内容而言，形式与功能是不可或缺的两个方面，形式承载着空间设计的美学价值；功能作为设计对象内在的物质系统必须具备相应的实用价值。

6.2.2　创意思维与空间设计的关系

空间设计的思维作为视觉艺术思维的一部分，它主要以图形语言表达思维。空间设计是一个相当复杂的设计系统，本身具有科学、艺术、功能、审美等多元化要素。如今对空间设计的认识已不是传统的二维或三维艺术表现形式，也不是简单的时间艺术或者空间艺术表现，而是两者综合的时空艺术整体表现形式。空间设计的精髓在于空间总体艺术氛围的塑造。从概念到方案，从方案到施工，从平面到空间，从装修到陈设，每个环节都有不同的专业内容，只有将这些内容高度地统一，才能在空间中完成一个符合功能与审美的设计。协调各种矛盾成为空间设计最基本的行业特点。二维图形（平、立、剖面图、节点样图等）和三维图形（透视图、外观效果图、轴测图等）是选择思维过程体现于多元图形的对比优选。对比优选的思维过程是建立在综合多元的思维渠道以及图形分析的思维方式之上。众多的信息必须经过层层过滤，才能筛选出我们所需的。对比优选的思维，在设计领域主要依靠可视形象的作用。

设计意念从概念向方案转化，起初在设计者的思维中只是一个不定型的"发展意向"，它可能是一种风格、一种时尚、一种韵味。为寻找"设计意念"而需要大量搜集素材，也许当时大脑一片空白，所以要尽可能地获得相关信息，力求做到详尽而全面。设计者可从项目任务书（与业主进行沟通）、环境资料（历史人文、地形地貌、四周景观、气候日照），城市规划及市政环境（建筑红线、高度及密度控制指标、道路交通、给排水、电力供应）、原有建筑的技术资料（现场勘察资料及相关技术图纸）获得所需信息。在此阶段设计者要善于发现问题，是以发散性思维为主要方式的"无序"思维阶段。设计是一个从客观到主观再从主观到客观的必然过程，就是一个转化理念的过程。设计理念的转化有一个从头脑中的虚拟形象朝着物化实体转变的过程，这个转变不仅表现在设计从概念方案到工程施工的全过程，同时更多的是设计者自身思维外向化的过程。从抽象到表象、从平面到空间、从纸面图形到材质构造，成为设计意念转化的三个中心环节，它遵循着"循序渐进"的原则，由表及里逐步进行。

6.2.3　空间设计应用举例

上海世博会世界气象馆主题是：为了人民的平安和福祉。"云中水滴"世界气象馆的展馆外形设计理念是将气象馆的展示内容与建筑物外观进行一体化设计，以达到最充分地体现自建馆特色和优势。在整体空间建筑设计上充分考虑到节能减排，气象馆的建筑有一个"会呼吸的皮肤"，即以人的"皮肤"来比喻"墙体外层"，使整体建筑不仅能防风、防雨，而且还要能透气，使用节能的方式，降低空调使用率，使展馆成为一座会呼吸的建筑。建筑造型构思从气象概念出发，以"云"为构思的基本出发点。以四个大小各异、方向不同的白色的扁圆球体相结合形成的组合体，从各个角度看很容易让人联想到一朵云。亮白色的膜结构造整个建筑外形，简单轻便，节省材料，符合临时建筑定位，又有展览建筑需要的亮丽外观。膜布上均匀布满点，当喷雾都开启的时候，整个建筑呈现一团云雾的效果，如果阳光高度角小于42°，在中间步行广场上的观展游客，面向气象馆，还可能看到包围建筑的彩虹。东北部设咖啡厅，咖啡厅外膜采用透明膜，让咖啡厅可以直接借"特钢大舞台"等景观，且不会引进过多的太阳辐射。场地周边为浅水池布满，建筑"漂浮"在水池中央，3个出入口各有一条道路。门口到用地边界为顺滑坡道连接，满足无障碍通道的要求。

"云中漫步"展示主题的设计理念是将以树立世界气象组织、中国气象局致力于提高气象防灾能力和积极应对气候变化，努力促进

2010年上海世博会"云中水滴"世界气象馆

人与自然和谐的能力和贡献为主要形象的展览主线，用展馆主题"为了人民的平安和福祉"来契合2010年上海世博会"城市，让生活更美好"的主题。从等候区进入入口通道，由坡道上二楼，通过"气候变化长廊"、体验球幕4D电影、"小球大世界"、"全球综合观测系统演示"、"气象卫星模型展示"等展项，进入一层的"世博气象台"，一楼展厅的西北方向为出口方向，为"未来气象与生活"展示区，这是最后一个展示内容。观展完毕，游人可以选择靠右的出口通道出馆，或者往左进入咖啡厅休息，或者购买纪念品，咖啡厅可直接出馆。

展示亮点有三个：1. 4D影院放映以展示世界气象科技创新、为人民的福祉和社会进步服务、为大力提升公共气象服务水平和气象防灾减灾能力、为现代城市气象业务发展为主形象的4D影片，通过三维立体的图像加上真实的动感以及"风雨雷电"的体验来增加趣味性。2. 世博气象台。这个气象台是世界气象组织的"多灾种早期预警系统"示范项目成果的应用，参观者可以亲身体会这种"多灾种早期预警理念"将给城市防灾减灾带来新的促进，因为它不仅是一个生动的展品，更在世博期间真正业务化运转，现场为世博会提供及时、精细的气象预报和服务。3. 气候变化长廊将以"全球气候变化与城市的责任"为主线，参观者可以详细了解到全球气候变化给城市、给人们的生活带来的巨大影响和危害，通过模拟未来气候变化可能导致的灾难，给参观者以心灵的震撼。从而向参观者推荐和倡导一种健康绿色的城市生活方式，呼吁参观者从身边小事做起，节能减排，共同应对气候变化。

综上所述，上海世博会世界气象馆不论从建筑空间的外形还是内构都充分融入了设计师的颇具创意的多元思维，将造型的美观、功能的实用与绿色环保理念和谐的融合于一体。

北京朝阳门SOHO三期总建筑面积33.4万平方米，其中包括16.6万平方米写字楼和8.6万平方米商业，是目前东二环内唯一的也是体量最大的商业项目。庞大的建筑群由四个流动的建筑形体组成，整个建筑北京朝阳门SOHO没有一丝直线，形成极强的动感流线，完全打破了目前东二环沿线沉闷、刻板的建筑布局，创造了令人激动和壮观的形象。用设计师的话说，这个建筑群体现了21世纪新的建筑形态，这种形态也是世界对新世纪的中国北京的全新理解。朝阳门SOHO三期设计的一个主题是借鉴中国院落的思想，创造一个内在世界。在建筑设计策略上，此项目通过单体的整合营造出一个壮观的整体。每栋建筑个体均有它的中庭和交通核心，且在不同层面上融合在一起，从而创造出丰富流动的空间景致和室外平台。项目包含正面的一个线形公园、周边绿地和令人振奋的中央庭院。贯穿建筑群南北的中央大道在背面把朝阳门SOHO的一期、二期连接起来，并引导人流穿越基地，同时也维持了对基地东、西面的渗透性。

北京朝阳门SOHO

韩国Gwanggyo市中心设计方案

巴黎学生公寓设计方案

MVRDV是荷兰鹿特丹的一家建筑事务所，他们的设计方案赢得了首尔附近的Gwanggyo市中心建设权。大宇集团和Gwanggyo市宣布MVRDV建筑事务所在这个密集的城市中心的概念设计获得了竞争，并对位于韩国首都首尔南部35公里的Gwanggyo这个未来的新市区进行开发和建设。该计划包括一系列长满植物的山形建筑以及巨大的变化，旨在鼓励进一步发展解决这个高密度城市中所谓的"P-ower Centre"问题。

OFIS Arhitekti是斯洛文尼亚卢布尔雅那的一家建筑公司，并且以该套学生公寓设计方案在法国的巴黎赢得了这个项目的竞标，项目预期定于2010年底竣工。这个项目的主要目标是设计一个类似于家庭样式的学生公寓以适应学生，并且还要为他们提供一个健康的环境以便于进行学习与研究。

6.3 创意思维与工业设计

6.3.1 工业设计的定义与分类

工业设计（industrial design）是人类为了实现某种特定的目的而进行的创造性活动，它包含于一切人造物品的形成过程当中。

工业设计概念：目前被广泛采用的定义是国际工业设计协会联合会（International Council of Societies of Industrial Design，ICSID）在1980年的巴黎年会上为工业设计下的修正定义：就批量生产的工业产品而言，凭借训练、技术知识、经验及视觉感受而赋予材料、结构、形态、色彩、表面加工及装饰以新的品质和资格，叫作工业设计。工业设计根据生产力的不同可以分为手工业加工的手工艺设计及现代发达机械生产的工业产品设计两大类。

6.3.2 创意思维与工业设计的关系

创造性思维具有十分重要的作用和意义。首先，创造性思维可以不断增加人类知识的总量；其次，创造性思维可以不断提高人类的认知能力；最后，创造性思维可以为实践活动开辟新的局面。此外，创造性思维的成功，又可以反馈激励人们去进一步进行创造性思维。正如我国著名数学家华罗庚所说："人之可贵在于能创造性地思维。"

创造性思维是工业设计最重要的前提，它与开发性设计紧密相连。

在工业设计的过程中，有人会认为只要拥有严谨的逻辑、精密的

幸运的四叶草花瓣椅/幸运的四叶草花瓣椅这款椅子的外形被设计成四叶草的样子，生长在实景的三叶草地上，它们是有多幸运

超市购物篮系列家具/洛杉矶艺术家Ramon Coronado设计并制造了这款极有创意的超市购物篮系列家具。从购物车到家具，设计者利用联想思维和抽象思维创造出来的作品还真是颇具跳跃性

计算和先进的科学技术就可以了，与创意思维联系不大。工业设计真是如此吗？答案是否定的。在工业设计的领域里，我们还处于初级阶段，需要有更多拥有创意性的设计师。提到德国设计，就会想到优良的工业设计和品质。而中国呢？工业设计水平不高，有些甚至都在模仿国外的设计，缺少创新。在国际上只要提到"中国设计"，大部分人都会想到的"中国制造"，而不是"中国创造"，我们设计缺少应有的重视和地位，更不用说创意了。

我们的社会需要创造力，我们的教育需要创意思维，创造性思维具有极大的灵活性。它无现成的思维方法、程序可循，人可以自由地海阔天空地发挥想象力。

6.3.3　工业设计应用举例

撑勺人/吃饭的时候如果需要切换餐具，你会选择把暂时不用的勺子（或者筷子）放在什么地方？盘子边上吗？不如找个"人"帮你拿着吧

创意钟表/这是一组来自Normal的创意钟、表，它的外形普通，但在显示时间的方式上作了大胆的创新，通过镂空指针来显示下面的时间标识

英国橡木靠墙桌/英国橡木靠墙桌：清新自然、环保，颜色逼真，自然气味满溢。设计者利用联想思维，扩散自己的想法，创造意境，给人们一种亲近大自然的切身感觉

带躺椅的书架/带躺椅的书架（Shelves with a Bench），Stanislav Katz 设计的这件作品是送给嗜书者们的福利，躺椅爱上了书架

一板一车/一块木板，简单拼装之后，就是一辆自行车，或是一块踏板车。设计师Nicolas Belly秉承"少就是多"的理念，设计了这种独特的板式产品

被扭曲的创意家具/在传统的家具基础上，扭曲、拉伸、压缩，经过一番变形堆叠之后，就是这个系列的创意家具了。活泼、矫情兼具设计感，抛却传统家具的中规中矩，抛却成本，抛却空间、个性，时尚就是王道，这点牺牲绝对值得

6.4 创意思维与服装设计

6.4.1 服装设计的定义与类型

服装设计是一种以"蔽体"为基础，"美观"为目的，结合了艺术与技术，美学与科学的设计创作过程。款式、面料、色彩这三要素赋予了服装设计独特的艺术魅力。款式与色彩是服装最显著的外观特征，同一款式搭配不同色彩往往能产生迥异的视觉效果。服装采用的面料五花八门，不同面料的质地和触感配合不同的设计造型传出丰富的设计语言。这三要素结合的是否完美、流畅是判断服装设计优劣的标准。服装设计是现代设计的重要组成部分，其研究范围非常宽广，是一门综合性

极强的学科，它涉及美学、社会学、经济学、心理学、市场学、人体工程学等几乎所有与人类生活息息相关的技术学科。

6.4.2　创意思维与视觉设计的关系

服装设计的创意过程是一种因视觉印象而生的创新性思维过程。世界进入了信息时代，人们的文化传播方式和生产生活方式发生了翻天覆地的变化。高科技、新材料的发展和应用为服装设计的艺术创作提供了广阔的思维空间，千姿百态的审美标准破除了服装设计师的意识形态链锁，也使得服装设计师的想象思维能力面临着极大的挑战。

款式、面料、色彩既是服装设计的构成要素，又是服装设计的创意起点。服装设计创意可以任意一个要素为出发点进行发散性思维，也可以从任意两个要素的相互关系角度出发进行创意，还可以从整体上把握三要素的内在联系，突破常规的外在印象，创造出"意外"效果。

食物被巧妙搭配成具有装饰功能的服装配饰。这位身着白色V领礼服裙的女士头戴斯蒂尔顿奶酪帽子，香气扑鼻的奶酪被做成帽子的帽筒，帽檐则由一个印花果盘和水果堆砌而成。整个帽子生动有趣，令人过目不忘

6.4.3　服装设计应用举例

毕加索曾说过这样一句话：在艺术上我是杀死自己父亲的人。可

手举牌子的女子是一位来自马来西亚吉隆坡的动物保护者，宣传素食主义。其身上的礼服是由生菜制成，鱼尾裙的款式设计十分优雅，色彩青翠鲜艳，极富感染力，它将设计者所倡导的理念巧妙而直观地呈现出来

在"旭化成中国时装设计师创意大奖"上，一套以12星座为主题的创意设计带给观众不少惊喜，设计师将自己对12星座星相特质的感受表现得淋漓尽致，整个构思华美流畅，模特的造型也非常生动。在白羊星座的创意展示中，设计师成功地将款式与色彩有机地结合起来，象牙白的纱幔被剪裁成看似凌乱却错落有致的长条，飞扬着的布条在模特静止的身体周围分散开来，模特发髻被巧妙地塑造成了羊角形状，一动一静的组合将白羊轻盈灵巧的特质表露无遗

"浩沙杯"第6届中国泳装设计大赛金奖作品《水墨·鱼娱》。该作品采用了渐变烟灰色面料，柔软细腻的触感与水的质感十分吻合。水墨印花的效果为整个设计裹上了浓郁的中国古典韵味。设计者将游鱼戏水的惬意与人类对自由与自然的向往紧密地结合起来，别有风情

见，创意是艺术家的生命。没有创意的服装设计也就没有了蓬勃的生命力。如今，全球纺织业飞速发展，新型面料层出不穷，大众审美意识强度与日俱增，这一切都为服装设计师们提供了无限的创意题材和实践舞台，设计师们应当尽可能地扩充自己的知识面，广泛接触各种行业与领域，由此才能激发自身的想象力，将众多灵感与素材或综合或打散，将其运用得游刃有余，优秀的作品往往就诞生在各种创造性思维的激荡碰撞中。

6.5 创意思维与新媒体设计

6.5.1 新媒体设计的定义及内容

新媒体设计综合了多种学科的合成艺术，艺术与当代最前沿的科学相结合，数字技术、生物科技、量子理论、经济学、语言学都可以成为其实现的媒介。新媒体设计主要是指电路传输和结合计算机的创作。是通过体验、虚拟现实、高度发达的信息技术而营造出的一种独特的艺术形式。新媒体是给人们提供一种技术与艺术融合的，更加人性化的生活方式。它能够在当今艺术社会中从不同角度展示艺术家的原创激情和革新精神，同时也是对传统艺术创造和形式的挑战和革新。新媒体设计最鲜明的特质为联结性与互动性。了解新媒体设计创作需要经过五个阶段：联结、融入、互动、转化、出现。首先必须联结，并全身融入其中，与系统和他人产生互动，这将导致作品与意识转化，最后出现全新的影像、关系、思维与经验。新媒体艺术设计是伴随新技术、新思想而产生的，新媒体设计可以说是嫁接在新技术平台上的一种形式和内涵都得到更新的艺术形式。

新媒体设计的表现形式很多，但它们都是使用者经由和作品之间的直接互动，参与改变了作品的影像、造型甚至意义。它们以不同的方式来引发作品的转化——触摸、空间移动、发声等。不论与作品之间的接口为键盘、鼠标、灯光或声音感应器，抑或其他更复杂精密甚至是看不见的扳机，欣赏者与作品之间的关系主要还是互动。联结性乃是超越时空的藩篱，将全球各地的人联系在一起。

6.5.2 创意思维与新媒体设计的关系

创意思维在新媒体设计中要突出强调数字性，更要体现智能化、交互性。这使新媒体设计的创意思维变得公开化。观众可以参与，设计师不再单独担当创造者的角色，而是有些交互游戏，观众有很多接口可以

图中的裙子乍一看中规中矩，实则不然，在鼓囊的裙摆下面藏着一部自行车，自行车的车把从裙摆上预留的小口中探出，其他零部件则被掩盖，自行车的功能性得到了无障碍的施展，骑车的人也省去了拖沓的裙摆给骑行所带来的不便，不过上下车是否方便，我们不得而知

选择，游戏的人本身也可以参与创作，将来真正的全体验性游戏、体验性电影，观众都可以参与创作。网络艺术可以给观众带来很多不同的感受，比如有的作品利用文本与表演相结合，互相阐释作品，并且向观众提供机会，制作和共同完成作品。与传统艺术不同的是，网络艺术可以让作品与更多的观众进行直接的交流。在一些国际性的网络艺术展中，提供一种叫做网络虚拟建筑（Web Architecture）的展示作品方式，观众在艺术家的指引和带领下看作品，并由艺术家来介绍作品的创作意图和创意思维，艺术批评家也可以同时进行评论。在整个网络建筑的参观过程中，观众在网上的行为方式与实际情况的差别不会太大，就像平时参观其他艺术展览一样。

新媒体设计目前已经成为当代艺术领域备受瞩目的新艺术形式之一，而新媒体艺术家的实验性创造和近年来国际性大展的频频亮相，使得新媒体设计越来越多地走进了国内和国际收藏家的视野。真正的新媒体设计萌发期应该是在20世纪60年代之后，最大的支持平台就是大众电视网络的普及覆盖。

6.5.3 新媒体设计应用举例

作品名称：手法Tact / 作者：简·杜博伊斯（Jean Dubois）

《手法》这个作品是挂在墙上的一面圆形的镜子，镜子中央有一个圆形的屏幕，屏幕里有一个女人在疯狂地摇头。当观众触碰屏幕时，女人的鼻子就被拽到观众手指接触的地方，只要手指不离开屏幕，观众可以任意地拖动这个人脸，同时会听到咯咯的摩擦声。作品的英文名叫Tact，意为接触。这个作品强调的是互动性，而镜子本身也是互动的体现。它能反映出人们对世界的理解，让我们冷静的思考，对自我进行判断。参观者在与作品交互时，一开始可能会被它有趣的一面吸引。人们会开心地拖弄屏幕里面的人脸，恶作剧似的肆意嘲弄她。但是玩着玩着他们就会不经意看到镜子里的自己。在这一瞬间他们可能会突然冷静下来，慢慢地感到一丝内疚感。人们会反思，会开始发掘自己的内心。这个作品从某种角度来说，也是在反映人们对滥用科技的思考。这个创意充分地体现了"接触"的特点。"手法"程序通过连接视频序列以回应参与者的多种操作。不使用言语，参与者被邀请参与手势对话。实际上，"手法"与触摸是同义的。然而，就象征意义而言，它也意味着一种直觉的、自然产生的、思想上的欣赏，是一种对它如何适合人类关系交往方式的欣赏。"手法"装置演示了人际交往之间电子媒介越来越多的出现。最近大量网络通信服务（电子邮件、论坛、电子聊天）的出现导致了特殊形式的公共空间，在这个空间中，社会关系经常经历匿名或人工的过滤。在很多情形下，这些可以被看作是开放地向其他人表达我们自己的一个机会，而且不用暴露我们自己。技术在其中扮演了一个荒谬的角色，因为它提供了直接与其他人联系的途径，同时却留下了保护性的距离。在这种关系中，似乎显现了一个禁止与呈现的奇怪混合

顽固的交互系统Perversely Interactive System/作者：林·胡富（Lynn Hughes）、西蒙·拉若策（Simon Laroche）/媒介：互动作品

这个作品有一个测量血压的装置，而它的图像会对参观者的血压变化作出奇怪的反应：参观者越放松，图像中的女人就会越靠越近，如果参观者紧张，图像里的人就不会作出行动。这实际上是对参观者内部情绪的直观体现。《顽固的交互系统》包括一个与实物一样大小的视频投影仪，这个投影仪由参与者用生物反映手持机控制。这个手持机用以测量皮肤电流的电阻（汗腺活动的变量）。参与者可以控制通过降低他/她的内部紧张程度来控制图像（与之相随的声音），比如通过肌肉放松、呼吸、沉思等方式。视频投影以一个女人的背影图像开始。如果参与者的紧张程度降低，这个视频中女人将会转身，面向大家（然而，如果参与者为这种成果所激动，她就会停下来等）。这件作品中，人的图像与站在屏幕前的人对称地播放。事实是，屏幕上的人被进行移情的参与者的身体功能所控制。同时，其他的幻象仍然是易变的，难以控制的。这件作品同样也关注外貌，尤其是女人的外貌。有一些诱惑，有一些不透明，又有一些拒绝

零度海拔AltitudeZero/作者：胡介鸣/媒介：互动作品/作品对全球文化现状进行了深入的思考，主流文化形式与边缘文化的互动积淀为多样文化形式的点滴。而边缘文化由于经常被轻视和濒于灭绝，正在寻求彰显自身的方式。6个显示器被安装成舷窗的样子，放映着大海的影像，其中不时漂过被丢弃或者污染的物件，象征着被主流文化领域遗弃和疏远。漂流物游荡在海底和海面之间，造成一种不稳定的感觉。它们使我们想起不同文化和时代的残留，时而撞向舷窗，时而漂流远去，在观众与漂流物之间形成共鸣。作品利用感应器检测，影像随着观众的出现和运动而互动

数字的Digitale/作者：亚历山大·卡斯瓜伊（Alexandre Castonguay）"数字的"是一个交互装置，包括一个墙面投影以及一张放有老式静态相机的长椅。一个触摸屏嵌于长椅之中，用以显示一个连续运行相机中的视频图像。当参观者触摸这个屏幕时，同心圆就会把他们叠加在图像上，使之略微泛光，如同是在水中反射一样，从而赋予这幅图像新的物质性感受。水的流动性与视频图像的变化性相合，也强调了它的移动性。而且，当参与者按下照相机的快门时，它就会产生一个投射到墙面上的黑白静态图像。照片渐渐地消退，让位于日益抽象的呈现。消退的过程加强了对用相片作为记忆载体之脆弱性的反思。通过拍摄自己，参与者可以把自己融入图像中去，接下来可以看到自己图像的变形；参与者可以在呈现中与这些设备的效果相连接。因而，"数据"引起了对捕捉与处理现实世界（类似物、数字图像以及视频）技术的审视，引起了对它们提炼世界之能力的思考

电子风景媒介：互动作品/"电子风景"不仅使传统景致融合了立体感和交互性，也对风景的概念注入了许多不同的思考。它重新诠释了观众与作品之间的关系，而这种诠释依托于新技术与新语汇的交融。沉浸式、交错式、交互性，由这些新的可能性带来了许多对艺术研究与创作的新重心，同时也诞生了一批摆脱传统束缚，实现自我释放的新艺术家。"电子风景"将对画面重新刻画与塑造，打破观众与艺术作品之间的关系，从不同侧面反映了新技术所带来的不同"风景"的概念

第7章 优秀设计作品赏析

灯泡的包装/结构和外观兼顾，绿色环保型设计

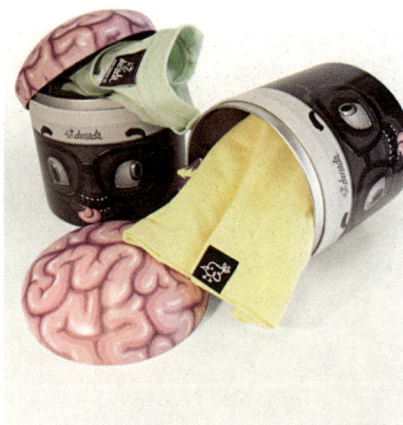

T恤的包装设计/强调T恤的品质，绞尽脑汁想出来的创意，诙谐，幽默

肉品的包装/直观，看得见的包装

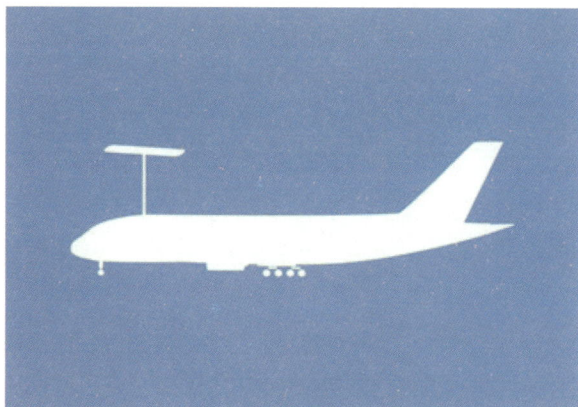

理想减排/蓝色的天空，白色的负形飞机，简洁而醒目。通过在飞机上面安装制动装置这一理想形式，表现理想减排。形象简洁醒目

理想减排/黄色背景，白色的负形汽车和剪刀，通过用剪刀剪掉汽车尾气的表现形式，表现理想减排。形象简洁醒目

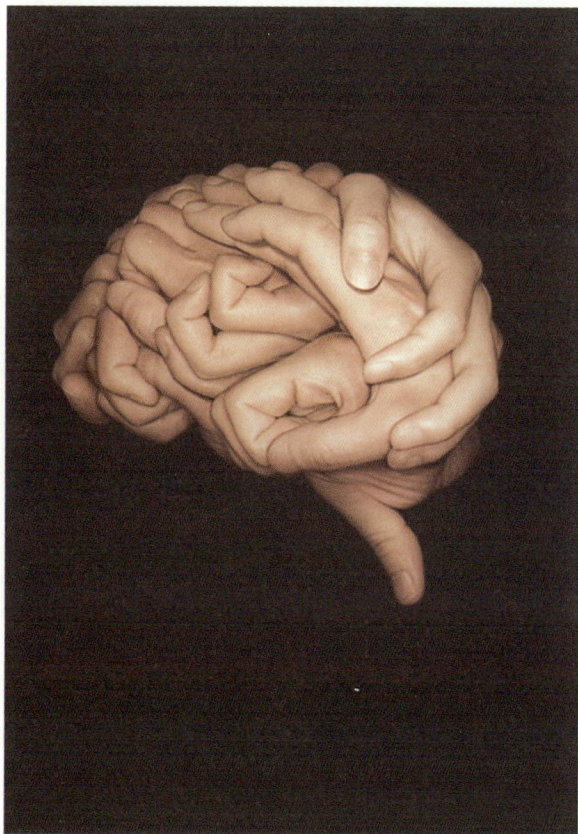

海报设计/团结创造智慧。以局部形态拼合成整体形态，利用相似形的创意表现手法，将手和大脑的形态联结并置换

蓝莓冰咖啡广告/该海报具备简洁直白的视觉呈现方式，内容和意义一目了然，蓝莓味道的冰咖啡充满了蓝莓的味道

公益海报/在创意表现中将原本毫不相干的两个事物相互置换，借用形与形的置换将更深层次的意义阐述在画面之中

海报设计/虚形与实形相得益彰，造型样式与平面表现手法极具现代设计意识

海报设计/显而易见的后果

海报设计/一招一式尽在其中，简而不陋的设计

麦当劳咖啡广告/昏昏欲睡的工人此时最需要的就是一杯
可以赋予他能量的麦当劳咖啡

海报设计/牙刷与牙膏紧紧相拥,拟人化的形象处理给画
面创意赋予丰富的想象力,插画形式与色彩尽显年轻派

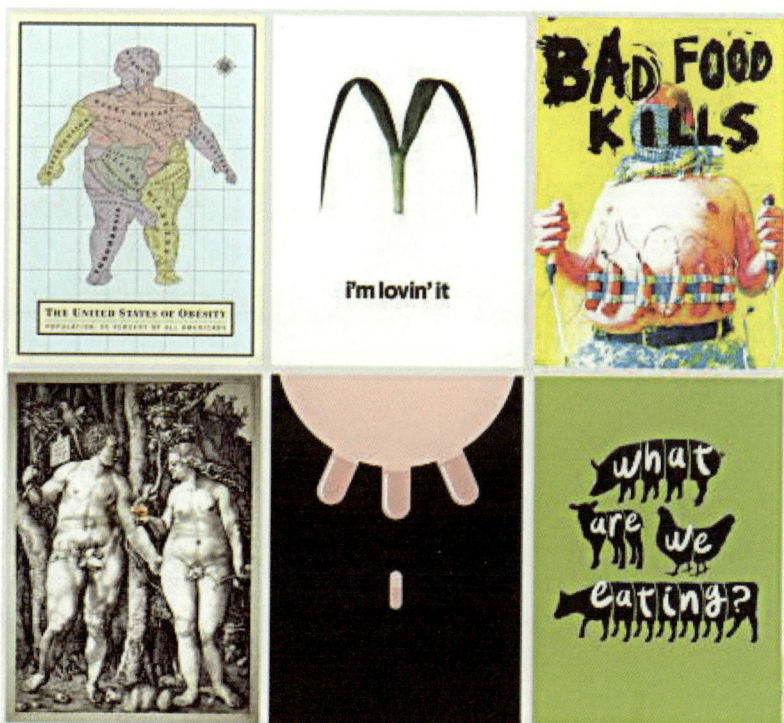

公益海报/快餐食品安全让人堪
忧,显而易见的伤害,图形语言
跨越一切界限

"虚伪"海报 / 红色的背景，黑色的剪影人物与一个支离破碎的灵魂握手，给人留下思考

SONY耳机海报/创意新颖，表达方法简单，将直观的视觉呈现，且画面处理精细统一，借视觉来表现听觉

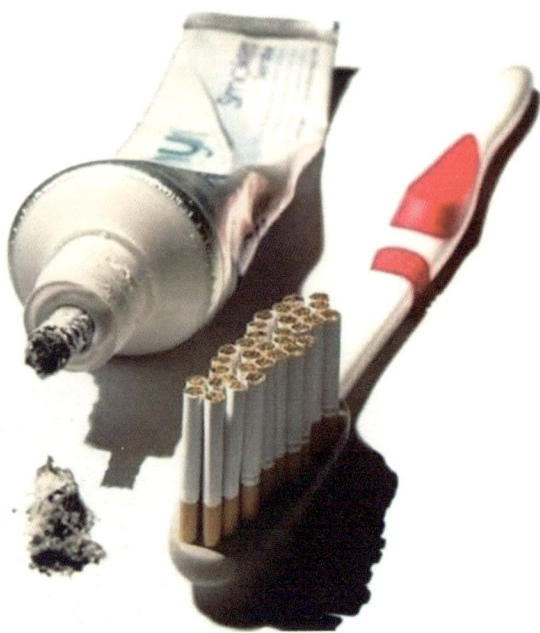

公益海报/吸烟对人类的危害程度是致命的，海报用锐利的视觉语言将吸烟带给人们的危害放大，并适度地夸张表现，以物换物，以形喻义，具备独特的说服性和警示性

海报设计/铺天盖地的喜字，挡不住的幸福弥散开来

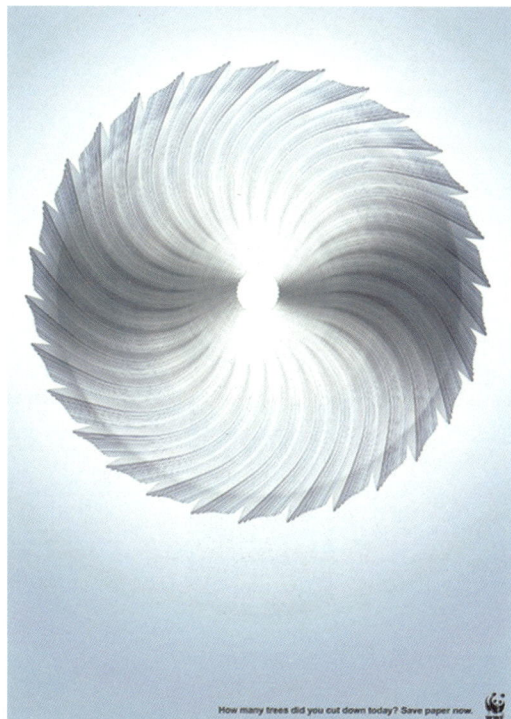

How many trees did you cut down today? Save paper now.

公益海报/将层叠的纸张旋转成转动的锯齿，锯齿的外形让人产生一种危机感和恐惧，借此宣传保护树木的必要性，创意巧妙，表达手法犀利直观，给人启发和警示

Pinguini o melanzane?

ESSELUNGA

Da noi la qualità è qualcosa di speciale

广告设计/茄子切两刀就被想象成可爱的企鹅了，以置换的方式结合茄子的色彩与质地去看，很像一群可爱的企鹅在雪地中散步

公益海报/简洁的图形语言足以说明什么是致命，什么是保护

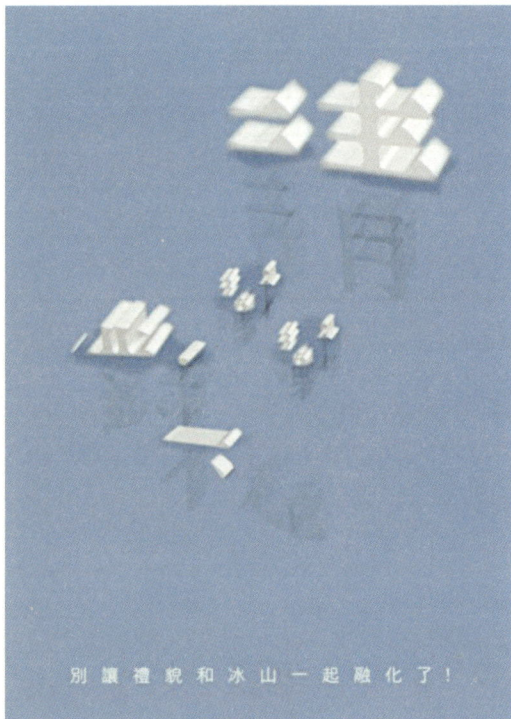

公益海报/文字与图形的结合，别让礼貌和冰山一起融化。在说教的同时让人感同身受

海报设计/以文字作为主体图形的设计，构图自由、丰富，氛围感强烈

音乐会海报设计/波普的设计风格、丰富的形态组合，传递出轻松、愉悦的视听感受

公益海报/将鼻子的造型与山峰的造型置换，传递出环境与人息息相关的紧密关系。远看是一道风景，而近观则是发人深思的环境问题

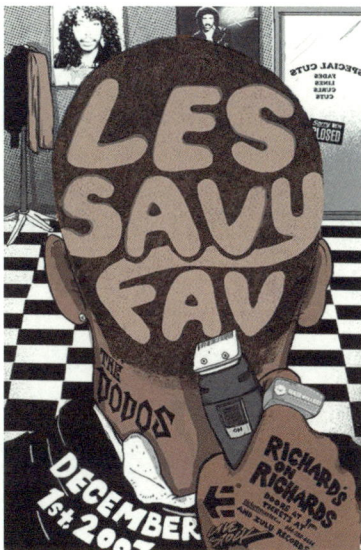

演唱会宣传海报/海报同样以平面化的视觉呈现主题内容，将文字与图形巧妙构思后相结合，个性十足

预感/电影海报/用树枝勾画出人物脸部形象，配合简单的黑白背景颜色，渲染出画面的神秘感，勾起观者的好奇心，将电影的情节植入一份深层次的意义

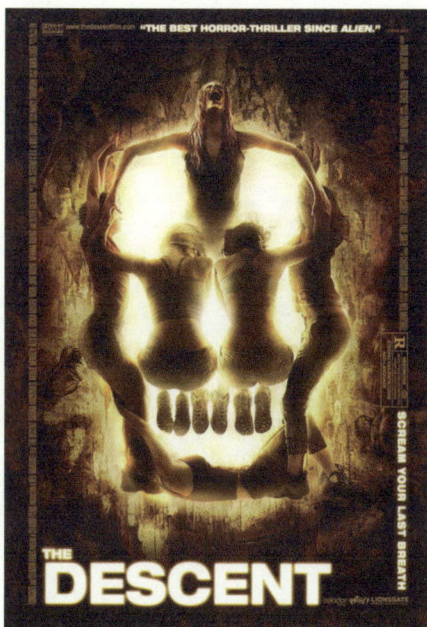

黑暗侵袭/电影海报/将六个女人的身体组合成一个象征终结的骷髅头，配合人物惊恐嚎叫的表情和背景的烘托，渲染令人不寒而栗的惊悚气氛

漂亮的蔬菜被处理成可爱的锅造型，整体形式简洁，色彩运用明快，简洁中体现很强的创意感，赏心悦目

此幅创意形式简单而巧妙，用面包拼成酒瓶的造型，让人再熟悉不过的造型诠释出全新的视觉样式

如果杯子倒了，杯中的牛奶却流不出来，那地球引力去了哪里？出其不意的表达

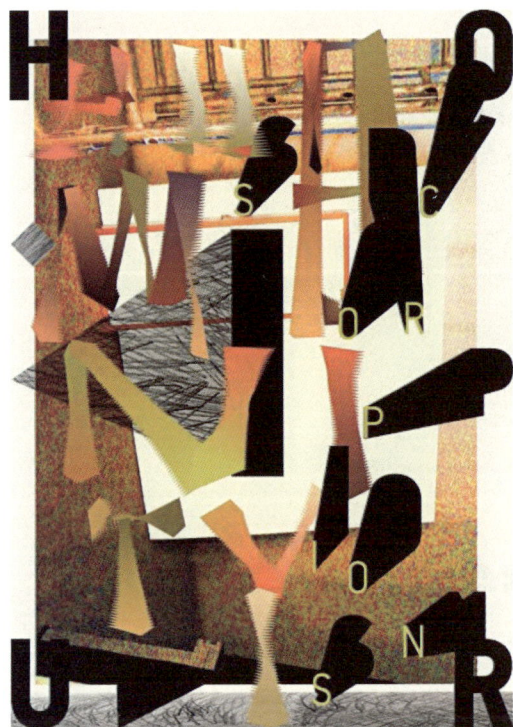

海报设计/各种悬浮的文字化的图形，形成丰富的画面层次和视觉流程

这幅图片画面简洁又创意奇特，是一幅发胶类产品的创意广告，完全体现了这种产品的神奇功能

狗和人类一样会有生老病死，当然也会有坏牙的时候，设想一下狗睡觉的时候摘掉假牙，会是一番何样的情景

如果我们能有这样一种选择机会的话，也许每个人都会为自己重新选择一下吧，就如同人们在超市里选择商品一样

这样的尾气看了觉得压力山大，结合本身灰色的天空，用夸张的手法做到了极端的效果，发人深省

包装设计/鲜明的色彩，夸张的表情，个性十足的设计

中国人综合的思维方式，极好地体现于汉字中，汉字绝大部分是兼表音义的综合性字体，中国人的中庸之道，崇尚中庸的文化精神，也在形声并列的汉字中体现得淋漓尽致

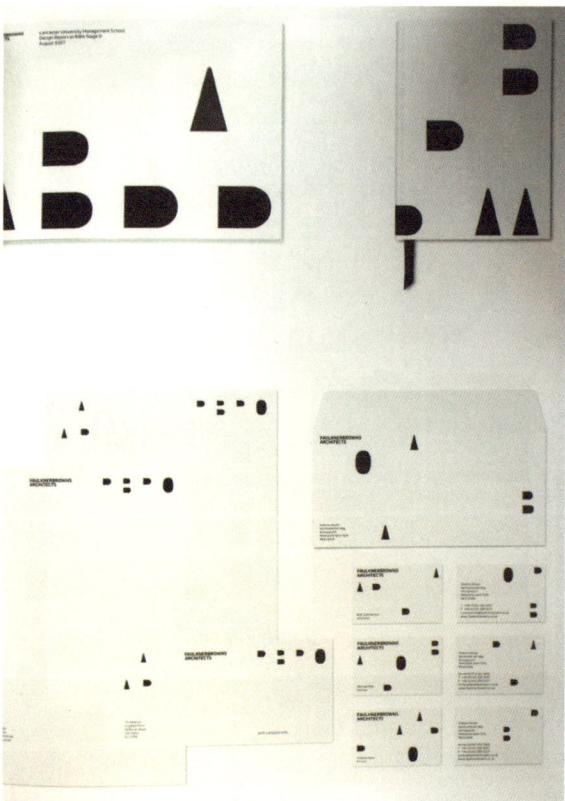

应用字母的负形，巧妙地开发企业的象征图形

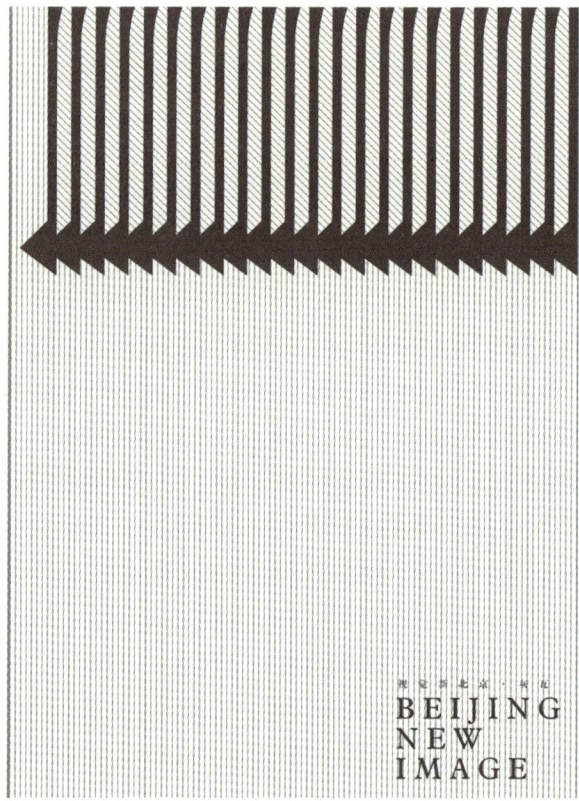

灰色的砖瓦是北京建筑的主要构成，将色彩和图形进行提炼，用点、线、面的形式，通过疏密对比，给人以带有京味韵律的美感

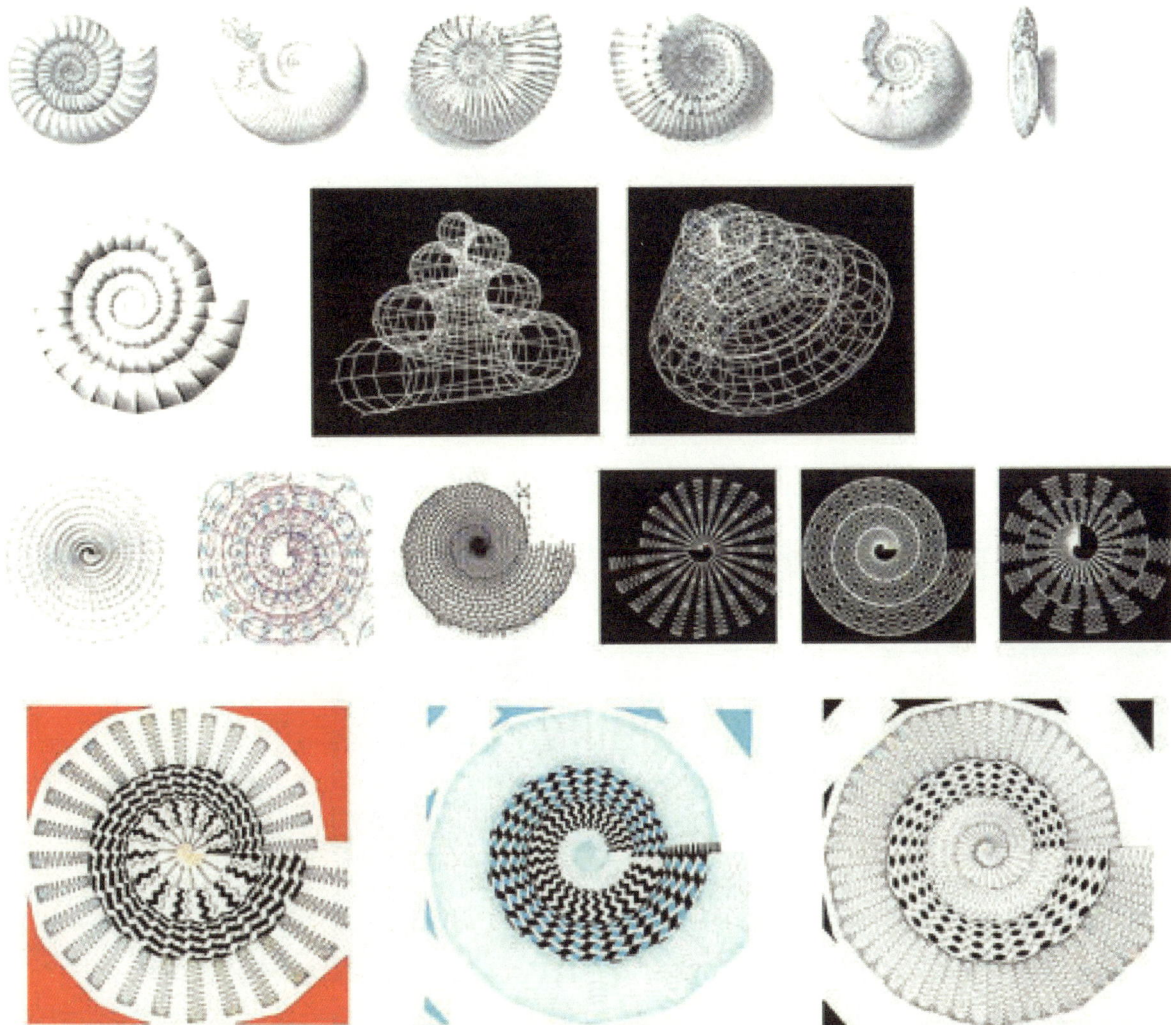

Roger的创意草图/设计来源于生活，由蜗牛变化而来的视觉图形

Milkshake（毛灼然JavinMo）香港

NEW BEIJING IMAGE

视觉新北京/由北京的标志性建筑和英文"NEW"组成，构思巧妙，形式新颖

语言暴力海报/将语言暴力的视觉形象借人物造型直观呈现，人物夸张的惊讶表情将语言暴力的危害力度表现得淋漓尽致

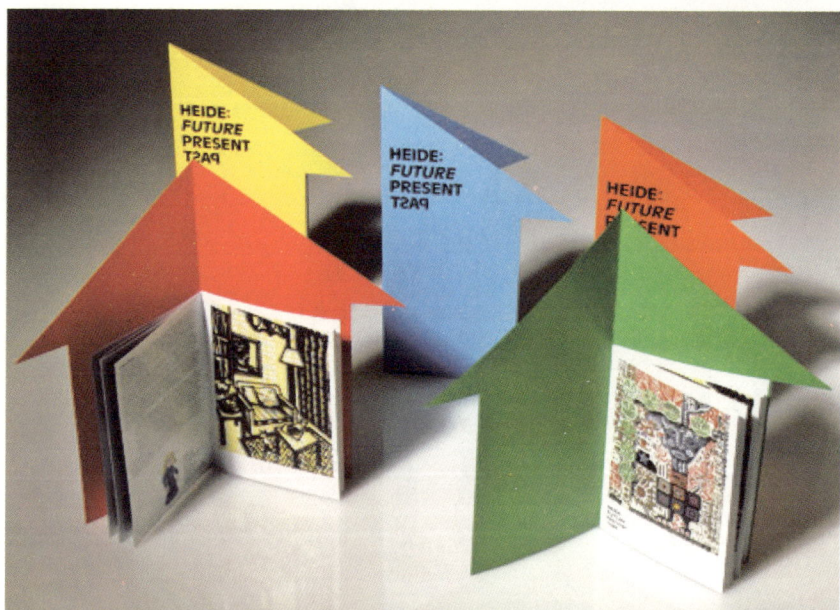

房子与书的巧妙结合，构成一本有趣的读物

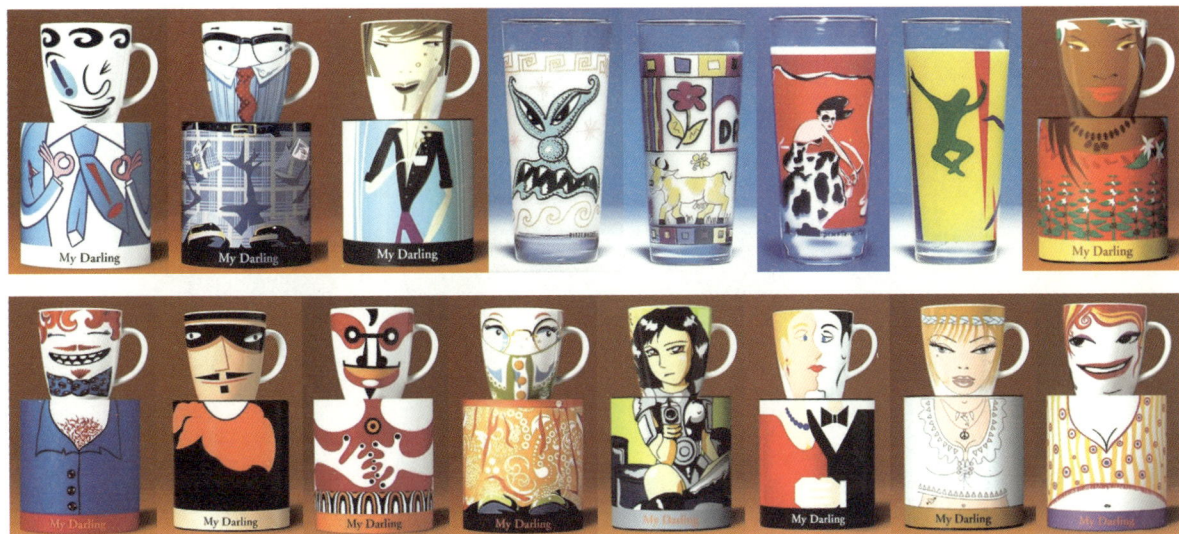

My darling杯子创意设计系列/此系列杯子创意新颖，杯子上面的形象各异，颜色多彩，角色丰富，表情多样，不同角色和不同颜色的穿着给人不同的视觉感受，似乎在人们使用它们的时候，心情都是不同的

德国简洁酒包装/颜色单一简洁，亮丽而有韵味，体现了高雅与单纯。整体包装与个体包装和谐统一、简约高雅，散发着迷人的香醇

在销售包装上很好地将人物形象与商品的属性结合在一起，利用图形创意去吸引大众

海报设计/超现实的画面感，体现一种和谐、绿色的人文气息

两个动物还是两个字体？外形简洁，线条看似装饰但不繁琐

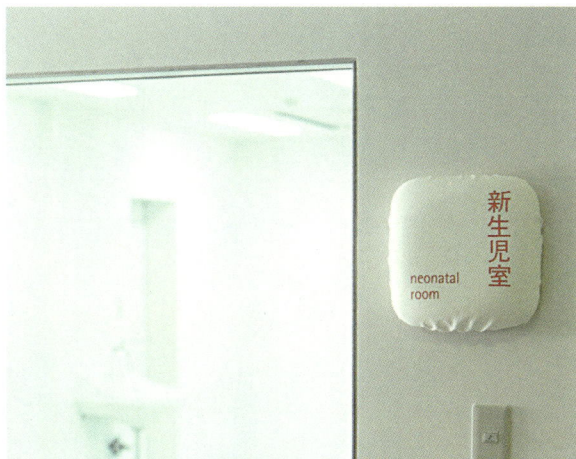

应用设计/原在哉 柔软而温存的设计，从外观到色彩的选择都能感受到关爱

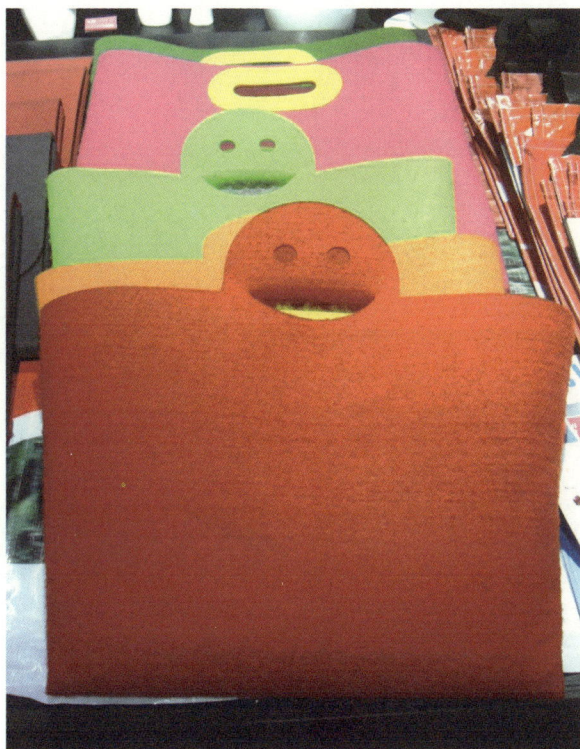

时尚的手袋在提手处巧妙地应用笑脸形态，增强手袋设计的亲和力与趣味性，以此提升受众的购买欲望

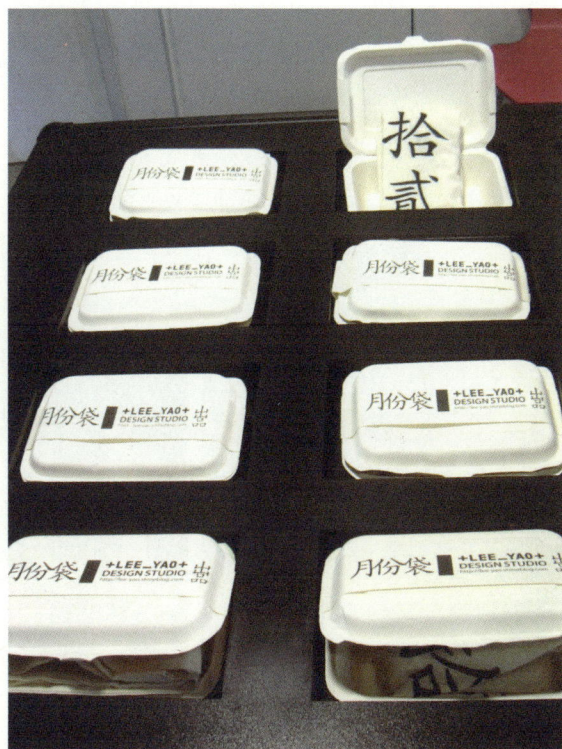

环保的理念与实用主义相得益彰，手袋包装为环保便当盒，使用者在应用过程中不但增加了新鲜感，也感悟到资源的不可再生

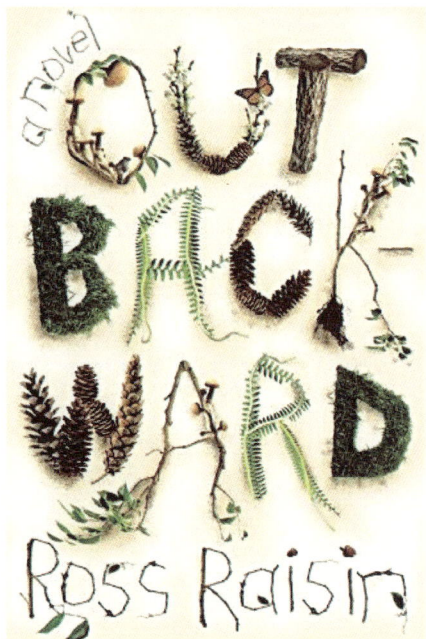

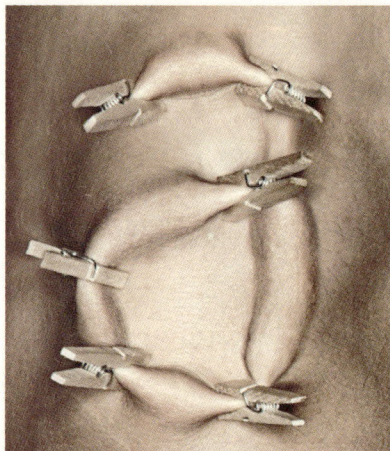

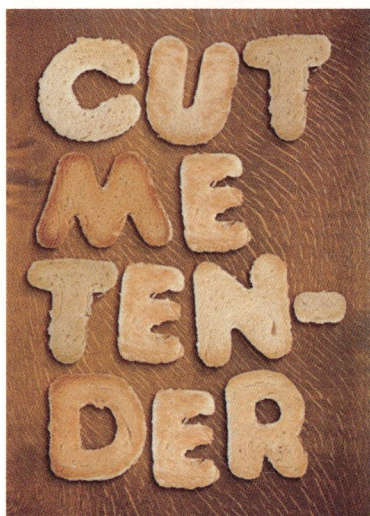

文字类的设计/文字的基本形态
只有26个，这26个文字却有着
成千上万种变化，这些变化值
得我们思考和重视

瓦楞纸应用包装设计/以绿色环保为理念进行深度开发

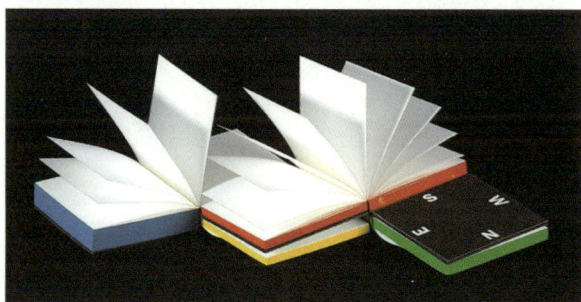

书籍设计/因为切口的颜色给我们全新的视觉体验

用不同的文字、图形和胶带结合在一起，使胶带与使用的物体或是空间完美地结合在一起，起到或装饰或美化的作用

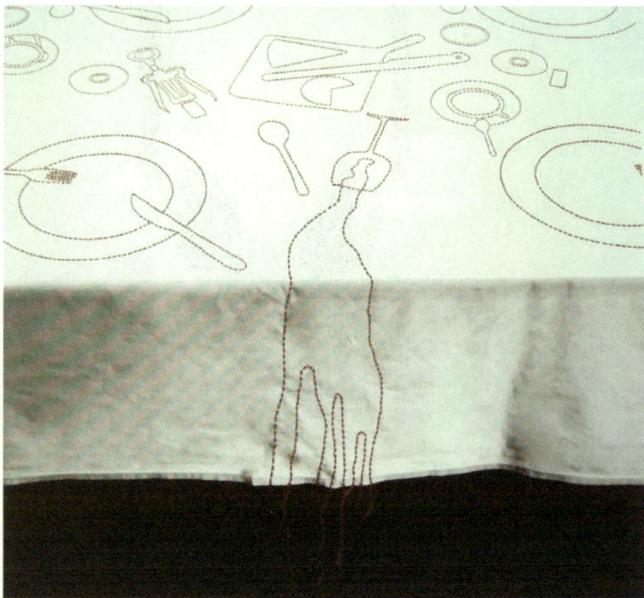

概念桌布/将情景和行为融入设计之中，凸显二维与三维的视觉转换。白色的桌布、红色的走线，杯、盘、刀、叉、歪倒的酒杯、流出的酒水，形象生动地表现了日常生活中的一幕

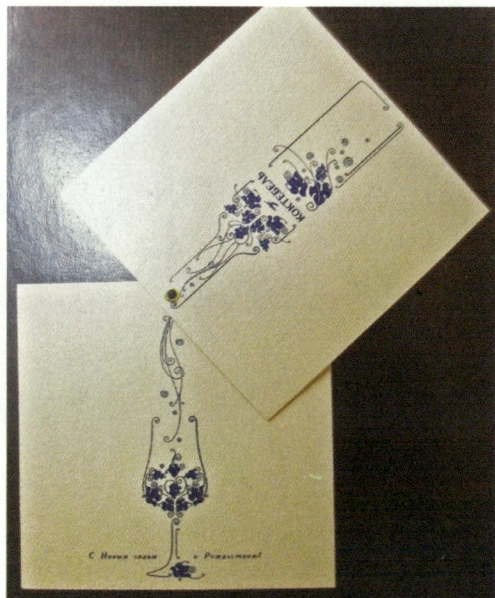

用花卉的枝蔓巧妙地组合成酒和酒杯，使人从图中体会酒的醇香。两张卡片特别的装订形式，从酒瓶往酒杯里倒酒，巧妙有趣的设置

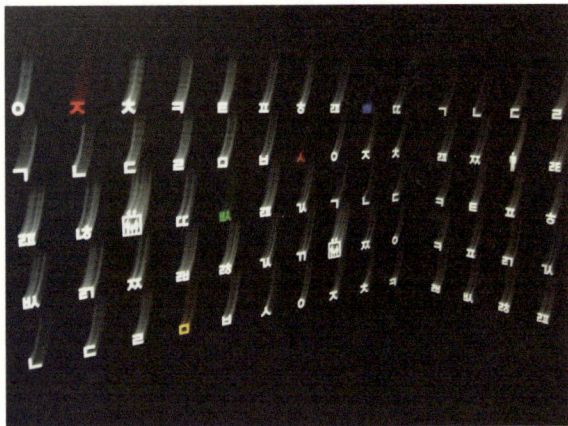

简洁的文字构成虚幻运动的空间

不同形状的图形组合。不同的小碎片，不同的色彩给予我们美感

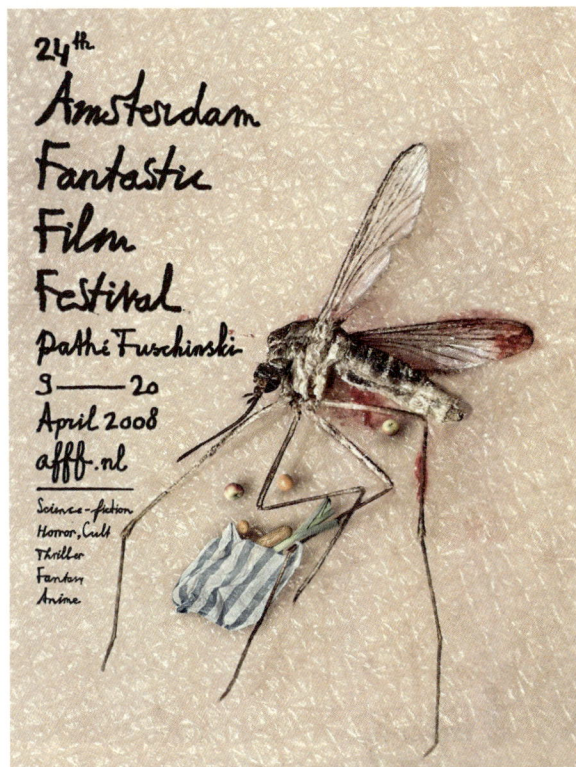

海报设计/用诙谐、夸张、写实的方式将模糊转化成清晰的
甲、乙、丙……巧思妙想

环保购物袋成为时代的象征，在购物中倾听音乐也是当今时
代的一大特点，两者的结合更好地表现了时代性

书籍装帧/书籍装帧的孔洞与书的内容、形式结合，一本书体现了由二维到三维的转换

非常新潮的透明手提袋，内置手枪。在体现包功能的同时警示大众，让更多的女士出行具有时尚感与安全感

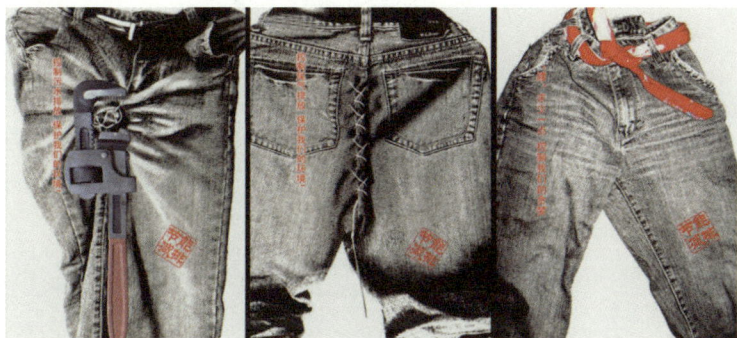

节能减排/用牛仔裤这一常见物品让人感到节能减排与人类息息相关

麦当劳的标志"M"通过镜子反射来实现是个经济实惠又有创意的办法

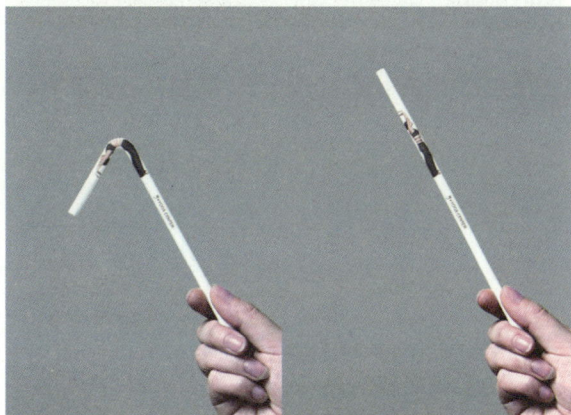

瑜伽健身中心吸管设计/赋予创意的想象，吸管的弯曲与人体腰部的弯曲，形成视觉重合，幽默而简单的创意巧妙地对瑜伽健身做了宣传，且容易被人记忆，引发共鸣

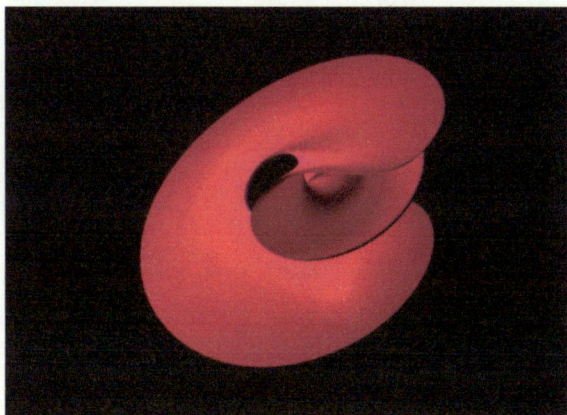

二维形态中光盘的形态通过命令和三维建模，重新组合成一个新的形态，转变成一个三维的空间形象

饮料包装设计/有趣的人物造型，搭配饮料瓶的外形，使包装瓶上的贴纸组合成一对情侣的图形

健身房手提袋设计/创意的实施是需要人的配合才能实现，手提袋的设计借用对提拉带的联想，与袋子上正在跳绳的人物造型结合，形成有趣的创意情景

墙壁灯设计/将落地灯的外形平面化，变成贴壁纸，将灯泡挂在墙面上，与落地灯贴纸形成一体，组合成立体加平面的视觉错感

书椅设计/简单的沙发造型远观近乎平常，近观却大有"内容"。设计师通过对生活的细致观察，方便到垂手可得

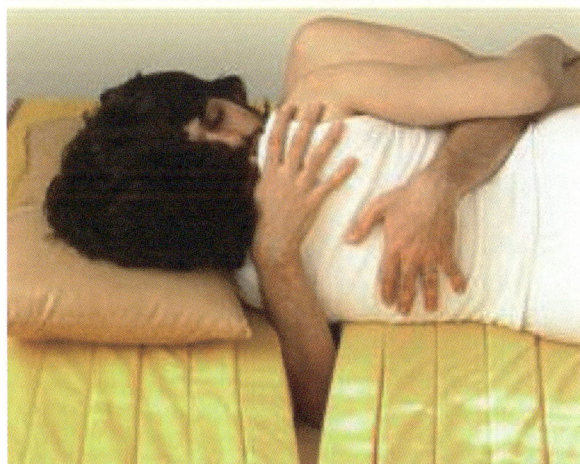

床垫设计/贴心的床垫设计方便了情人互相拥抱时胳膊被压挤的疼痛，这是一种周到的设计，人性化的关怀被淋漓尽致地应用

旋转的钟表设计/被旋转的钟表刻度和指针，变形后却不失原有的功能性，时间还是同样能被识别，质疑与确认同在，创意创造惊喜与快乐

戒指杯/将杯子的把手变成无名指的戒指，每次喝水时无名指就套上了一枚戒指，创意精巧、趣味，是现代生活中不可或缺的创意设计

shrink

get wet with me..

在以简洁为美的设计当中，这款拖鞋几乎简洁到了极致，形象又像一叶绿洲

书的存放方式各有不同，其中挂式藏书具有新颖的特点

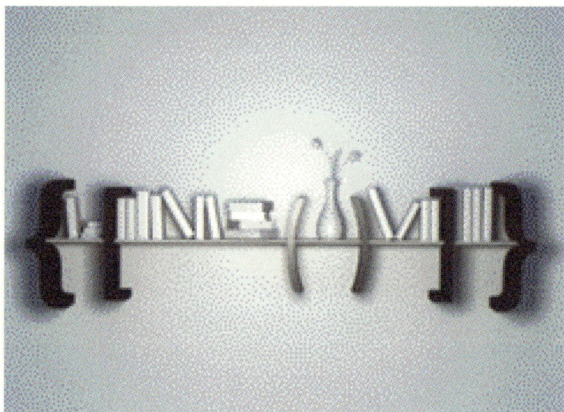

受文字中标点符号的启发而设计的个性化书架

利用线性结构进行创意，设计或具有柔性特点

有亲和力的便签插设计，自然造型的移用

七巧板书架

领带式书柜

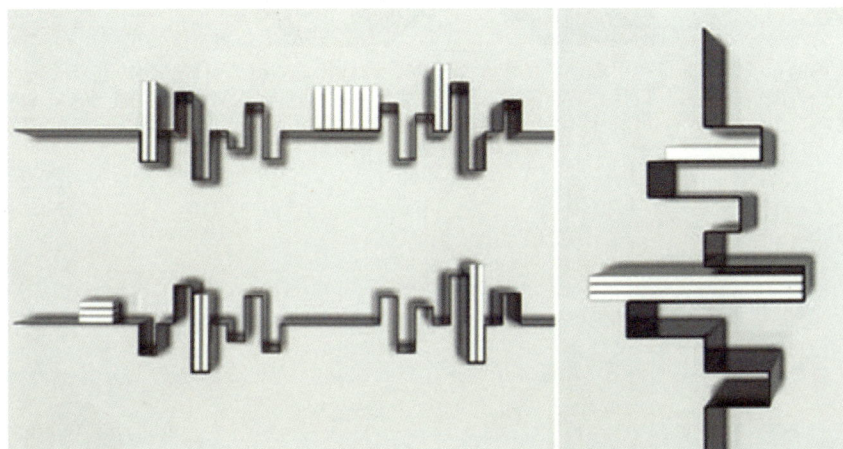

有故事的书架（Storyline Shelf）/设计者：Frederik Roijé/很有意思，把书架做成声音的波形。据说图中这个书架的形状是"福佑（bless）"这个词发音的波形

Smile果盘/有两层，下层可以储存垃圾果壳

意识流桌子设计——这是一张办公室内的桌子，弯曲的形状确实比较特别。这种颜色给人一种激情，而且材料是塑料的，给人别具一格的感觉

可以称重的烟灰缸/这是第一款把称重的概念引入到烟灰缸里的概念设计。它不仅可以用来存放烟灰，而且内置芯片还可以通过您弹入的烟灰计算出您抽烟的习惯，从而将您因为吸烟而减少的生命显示在底部。您"失去"的生命越多，烟灰缸的颜色就会越暗

以发型为造型的坐凳设计，有趣而又新奇

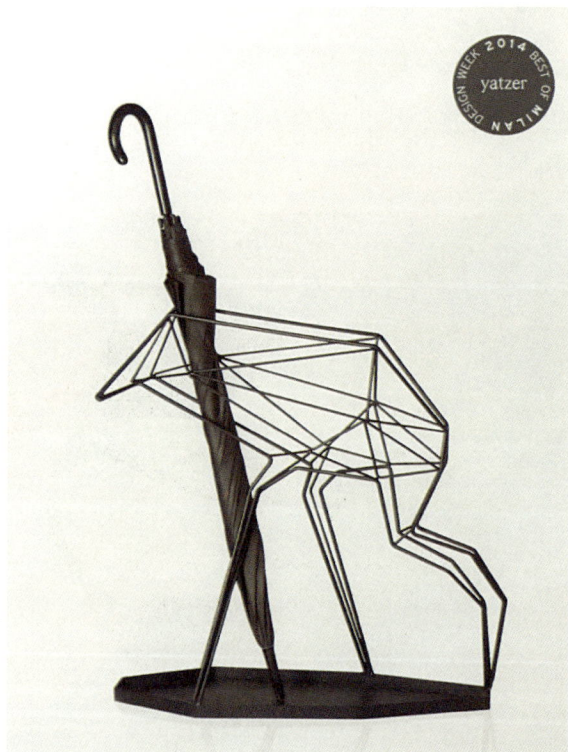

雨伞架的设计，精巧的构思，诗意的表达，满足的鸟儿

圆形纸桌/可供多人同时使用，中间放笔，边创意边表现，在方便之余增添了人们彼此间的沟通与快乐

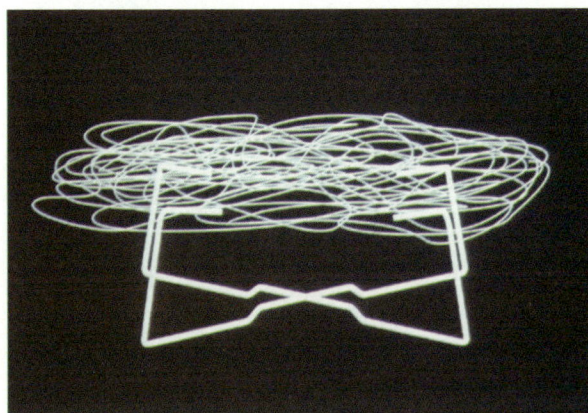

用碎线组成的茶几/突破了传统的面材模式，置于家中，既显得时尚前卫，又充分展现出使用者非凡的个性

概念家具设计/新材料、新工艺的应用，配以鲜艳的色彩，使作品如现代雕塑，时尚、舒适、前卫

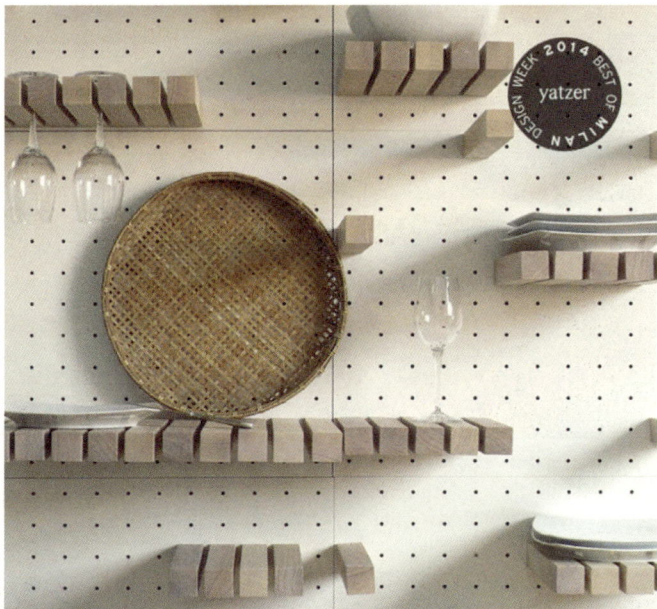

可以自己根据需要进行自由组合的置物架，随心所欲，智慧的设计

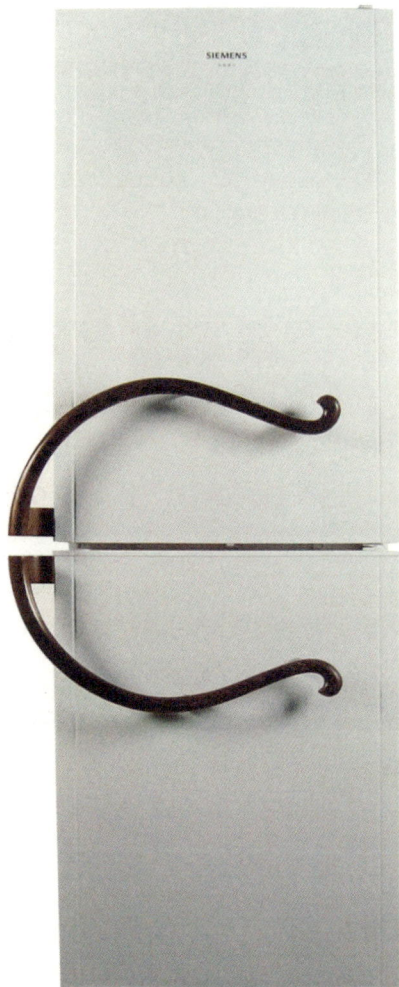

简洁大方的冰箱，加上具有中国元素的圈
椅造型抓手，体现了传统与现代的结合，
使现代高科技的产品有了传统的韵味，又
赋予传统的形象以新的意义和理念

模拟现实场景的水泥花器设计

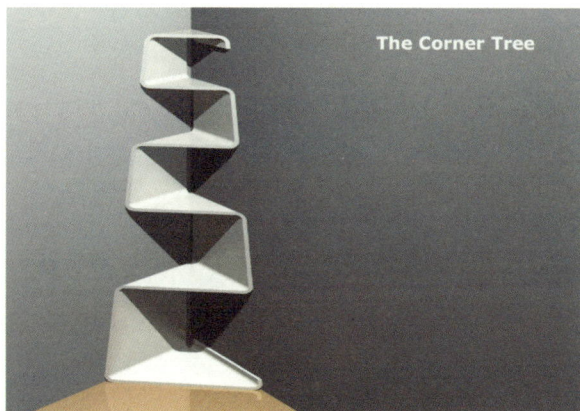

"墙角的树"储物柜/称之为"树"是指其造型从下到上、由大到小具有一种向上生长的态势，依靠在墙角，使墙角的空间被充分利用，并且成为墙面与地面汇聚的焦点，给平淡的空间增添了细节上的亮点

字母的空间组合/惯常的字母，以空间立体的穿插方式配以灯光特效，展现出字母的另一种特质

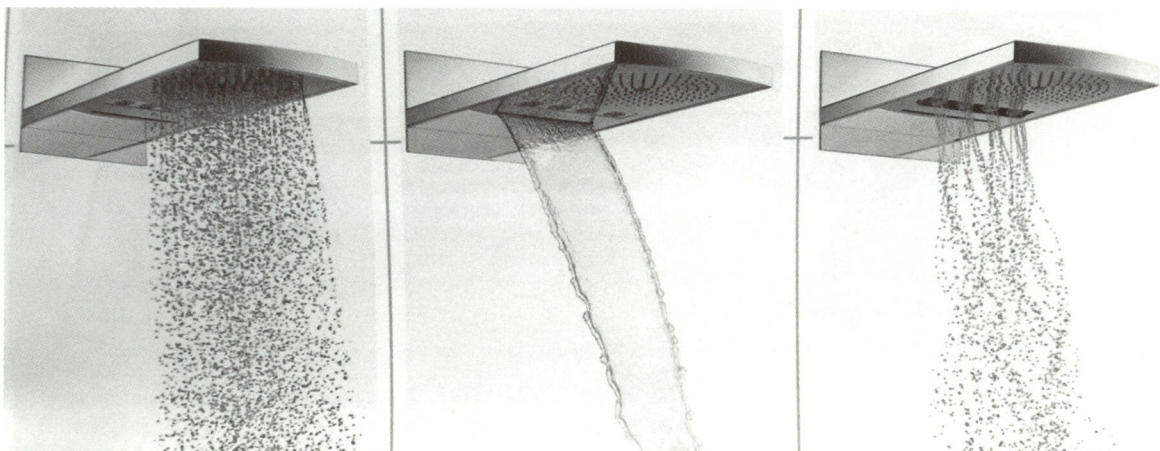

淋浴喷头设计/率直的造型，却有着最为人性化的功能。其功能可以满足淋浴对水流的不同需求，可分为大花洒、小花洒、瀑布三种淋浴模式

户外空间座椅的设计，根据人在户外的行为习惯，设计倚柱而置的座椅非常符合临时休憩的状态

环形充气垫/无论在室内还是室外，这种睡袋柔软舒适，其圆形连续的造型，使人在里面可以自由的翻身，不受约束，且始终保持着相同的舒适度

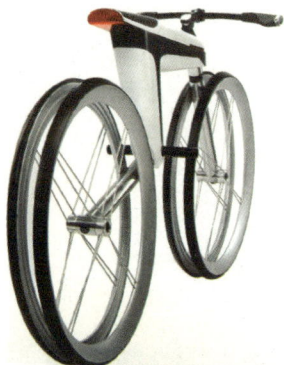

四轮冲坡自行车/逆向思维的产品设计开发，为司空见惯的事物注入新的活力。以四个轮子来保障自行车的稳定性，同时省去了车架的支撑。时尚的造型使冲坡自行车运动变得更酷

利用自身材料和能源进行创意设计的自行车照明系统，安全、时尚

材料结构非常简洁，但最终的效果却非常丰富。该座椅的奇特形式既来源于大自然的有机形态，又结合了人类文明的科学技术

小便池/造型简洁，犹如柱基置于柱子的底部，不同于普通的小便池，环形的结构让使用的人不受数量、位置的约束，中间的柱子也避免了人们面面相对所带来的尴尬

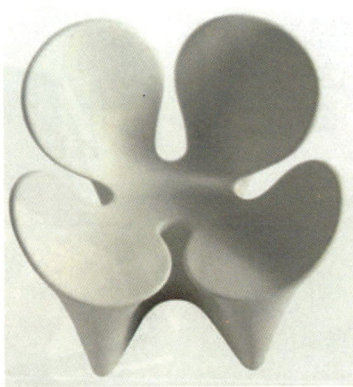

花瓣形座椅在造型优美的前提下，充分考虑了人体工程学原理，使人坐在上面非常舒适，真正达到造型与功能的完美结合

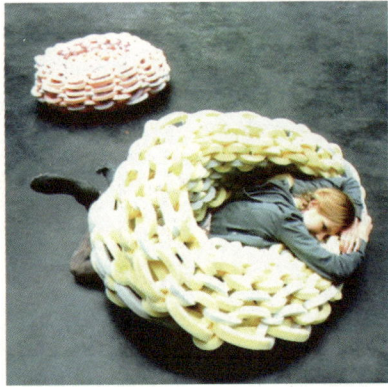

以人的放松心态而设计的休闲物品，在柔软的材质和巧妙的造型中，体验自我行为

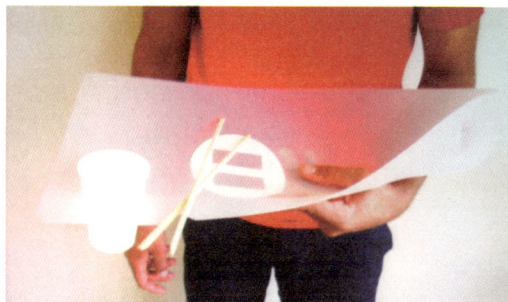

一张塑料片的作用取代了托盘的功能，创意简洁，功能完善，结构合理，方便使用，利于回收。具有十足的创意的魅力

轮滑的餐盘/一定是轮滑发烧友的最爱。将事物进行功能互换，你会发现更多的可能

唯美的茶具/运用荷叶的形态组合为花瓣，轻摇的香茗杯随着水波摇摆，惬意而和谐。为我们的交流与休闲创造了意境、增添了情趣

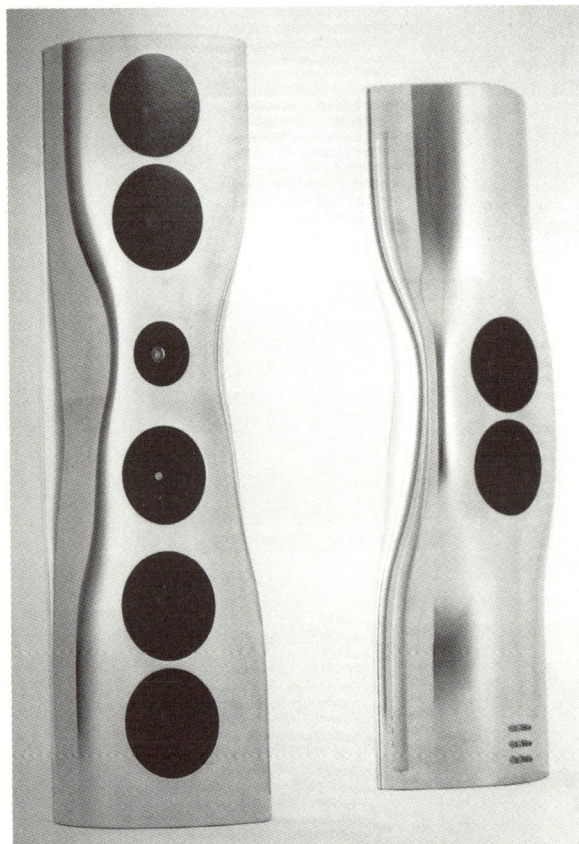

音箱的扭动应该与音乐有关，扭动的形态似乎是旋律的此起彼伏

利用窗子的玻璃和窗台，将花瓶的两半分别摆在室内外。从视觉上看，它是一个可变化的整体。从功能上看，内外有别。设计思路和创意十分巧妙

长条的足球/从运动的足球中得到启发，生活中司空见惯的事物，经过思考和再设计，竟变为时尚的艺术品，同时，它还是个可供人休息的座椅

透明质感的座椅设计，神秘而又尊贵

不同色彩的透明花瓶的设计，婉约的时尚

透明的戒指造型，别致、有个性

透明置物架的设计，制造悬浮的视错觉，营造视觉新奇感

建筑与建筑之间的空隙实际上是人们频繁流动的空间，也是建筑设计中最容易被忽视的空间。在这种空间中进行独特的创作，会给整片普通的建筑群体增添无限的新意

中国美术学院象山校区的建筑墙体/该校区采用了一种与众不同的建筑营造观，运用300万片旧瓦片，结合"大合院"的形式，建造了犹如地面生长出的建筑群。旧瓦片、灰砖以及一些奇异石材的随机结合，使得建筑墙面生动自然

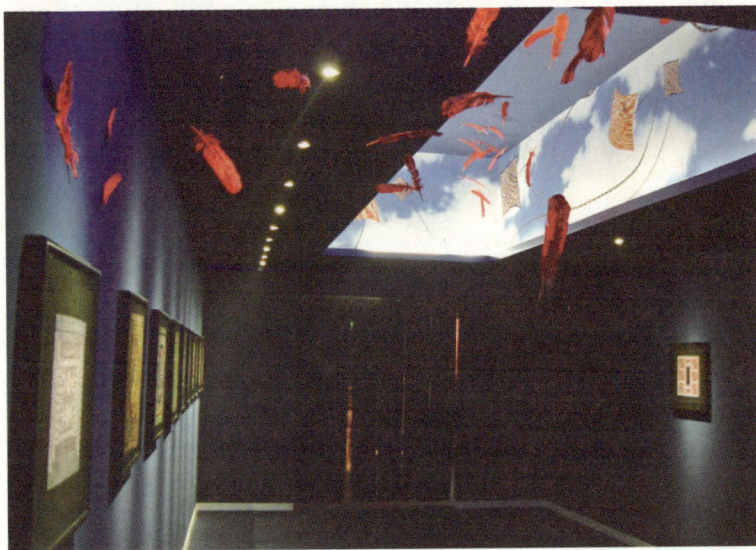

爱马仕丝巾展示空间/整个空间"飘"着很多红色的羽毛，在顶部配以清清的蓝天与白云，使整个空间优雅静谧，富有故事性

该建筑大致为球形体，由多个巨大的三角面构成，三角面材质不同，薄厚程度也不同，有些面的组合角度还发生了变化，看起来很像儿时玩的折纸游戏

整个建筑体结构此起彼伏，配以音乐频谱的图案，使得建筑犹如音乐一般具有强烈的动势和动感，给安静的街道空间增添了活跃的因素

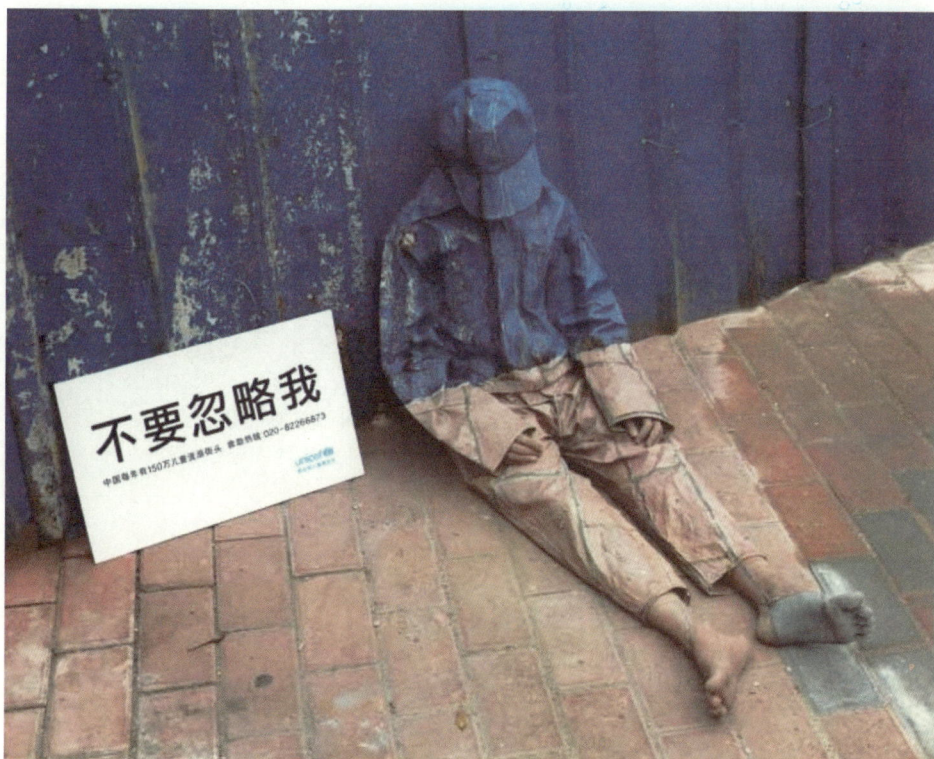

不要忽略我

中国每年有150万儿童遭遇虐待　求助热线 020-82266873

第一眼看到这幅创意作品给人留下了很深的印象，这样处理图中的人物，确实会有很强的被忽略感

慵懒有趣的户外座椅设计，惬意之情满溢

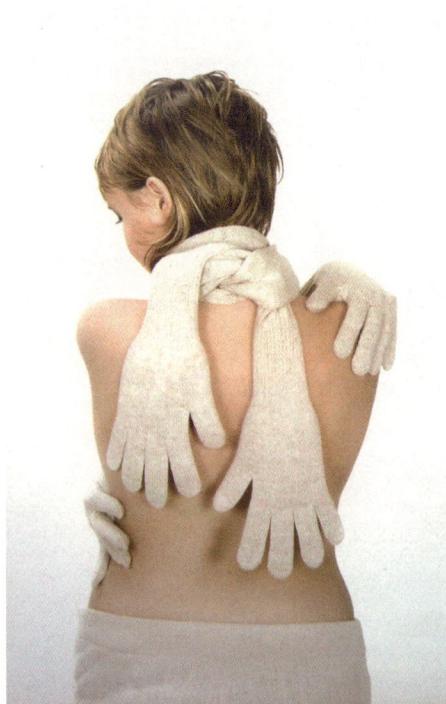

亲热可以用不同的方式来体现，当运用手套式围巾创意时，强调人的肌肤抚摸行为，给人以亲切的温柔感

树的保护罩变成一个鲜艳的胡萝卜造型，树叶很像是胡萝卜的叶子，使树木具有新的生命意义和可爱的色彩

巨大的冰块做成倒置的酒瓶造型，晶莹透明，用于放置冰镇酒真是个不错的创意，既美观，又实用，还有很强的广告作用

生活情节/将不相干的事物联系到一起，奶牛与碟子、杯子的组合，在空间上进行并置，使人感受审美的愉悦

运用废弃的纸边设计成服装的装置艺术品/唯美的造型、流畅的曲线，使我们很难与垃圾堆的废纸联系起来

内容与环境的和谐统一。通过有效的展示手段，将设计灵感和内容诠释得准确而不造作

摩托车摇马设计，冲突概念在玩具中的实现

有趣的猴子捞月组合玩具

可以把玩家"吞下"的大鲨鱼

栽种蔬菜的布艺玩具

男孩们热衷的车子

小火车城堡帐篷

巴士和乘客木制玩具

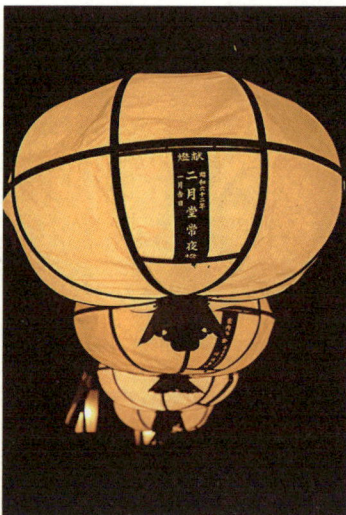

灯笼/相同的概念，迥异的设计样式，一而多的创意概念

环境装置作品/观众可以驻足、坐憩，带上耳麦，在悠扬的音乐中体验图片带给我们的无限遐想

由国外棉花协会举办的当代艺术展/充分展现行业特点，利用棉花进行各类观念艺术的创作，形成行业背景下的艺术活动。通过作品的窥视行为，让人们体验到棉花之中的诱惑感

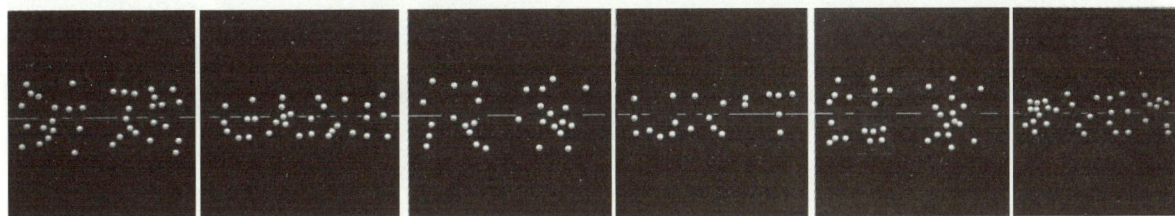

白色的乒乓球和黑色俯视的乒乓球台组成一个由三维到二维的装置艺术，看似凌乱的乒乓球却是通过精心摆放形成的运动人形和不同的字体

把长纸条缠绕在风筝的线轴上，巧用放风筝的形式，把风筝的生产制作过程编排在长长的纸条上，形式和内容完美结合

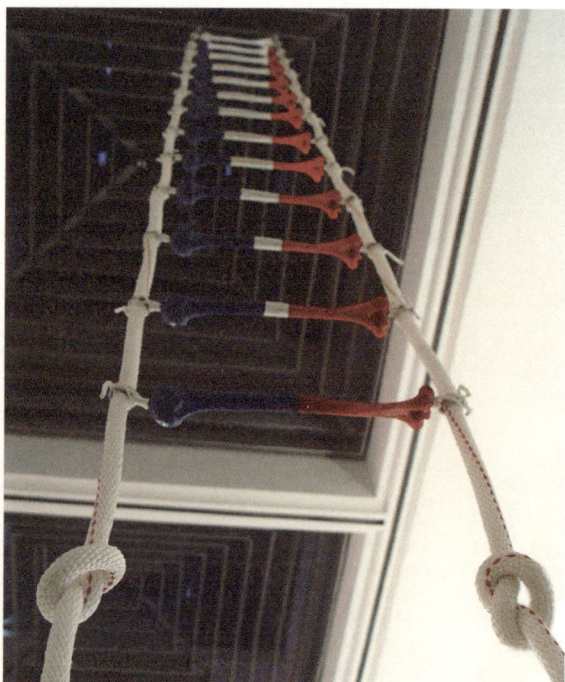

装置作品/运用原始宗教的符号元素构成阶梯，表达了强烈的崇拜精神

装置作品/元件均为装运物品的箱体，在展示活动中，从外国或外地运来的大量作品均需要用箱体进行封装，当把作品一一拿出进行展示的时候，大量的箱体暂时失去了自身的功能作用，因此展览方将其进行组装摆放，构成一件装置作品，既解决了箱体的存放问题，又增添了空间的趣味性

水杯玻璃门/该门打破了传统门的形式，呈现为一个巨大而倾斜的杯子造型，内部还"盛"满了水，白色的边框进一步突出了门的造型结构，让人觉得新鲜诧异，感受到一种被置身于杯中的奇特效果

饭盒里的快餐也可以做成这样的造型，看起来又可爱、又好吃，如果你能碰上这样的食物一定也会对它很感兴趣

表盘指针设计/表盘为画家达利，指针为胡子，随指针的转动胡子也开始围绕人脸转动，构成一幅生动有趣的情景喜剧，这样的手表既体现创意头脑也具备商业价值

这幅创意图中的人正在摆弄手中的看似立方体框架的东西，但不难看出，这是一件特异想象空间的东西，正如人们的思绪一样纷繁复杂，看有什么方法能解开这种缠绕不清的错乱空间

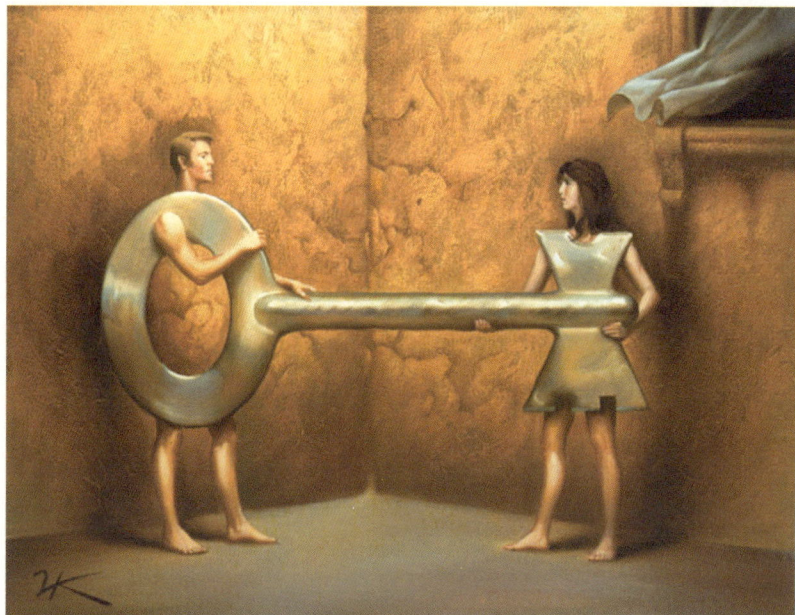

这幅图中钥匙与男女人物的结合让人有很奇妙的感受，男女之间永远存在不可分离的各种关系与联系，用钥匙把两人结合起来似乎也要表达人与人之间的某种关系

书几乎成为每个人生活中不可缺少的一部分，很多人可能会在睡前看书，把书做成床的创意，让人感觉比较和谐与贴切

装饰的参与可以反映人的心理状态，美与丑之间，可以因为造型的不同产生差异。同样是人体装饰，差距怎么如此之大呢

人物面孔摄影/有趣的面部表情，搭配后期的图像处理，将人物的表情、外形特征与动物结合，拼合成一张生动有趣的摄影作品，引人发笑，留住目光